U0190089

安徽省高等学校"十三五"省级规划教材

普通高等学校电工电子类精品教材

电工电子技术
项目化实验实训教程

主　编　刘苏英　汤德荣

副主编　张　辉

编　委（以姓氏笔画为序）

　　　　刘苏英　汤德荣　张　辉

　　　　席宇迪　唐　梅　黄金霖

中国科学技术大学出版社

内 容 简 介

本书为高等职业教育电类基础课新形态一体化规划教材,亦为安徽省高等学校"十三五"省级规划教材,依据"电工基础""模拟电子技术""数字电子技术"三门课程来组织实验实训项目,包含电工基础实验与实训、模拟电子技术实验与实训、数字电子技术实验与实训三篇,共14个学习情境、44个实验与实训项目。本书将电工电子技术基础理论与实际操作有机地联系起来,加深了学生对所学理论课程的理解,逐步培养和提高学生的设计能力、实际操作能力、独立分析问题和解决问题的能力以及创新思维能力。

本书可作为中等和高等职业学校电子通信类、机电类、自动化类、数控类等专业学生的实验教材,同时可供相关社会从业人员参考或培训使用。

图书在版编目(CIP)数据

电工电子技术项目化实验实训教程/刘苏英,汤德荣主编.—合肥:中国科学技术大学出版社,2022.8

安徽省高等学校"十三五"省级规划教材

ISBN 978-7-312-05315-3

Ⅰ.电… Ⅱ.①刘… ②汤… Ⅲ.①电工技术—高等学校—教材 ②电子技术—高等学校—教材 Ⅳ.①TM ②TN

中国版本图书馆 CIP 数据核字(2021)第 178055 号

电工电子技术项目化实验实训教程

DIANGONG DIANZI JISHU XIANGMUHUA SHIYAN SHIXUN JIAOCHENG

出版	中国科学技术大学出版社
	安徽省合肥市金寨路 96 号,230026
	http://press.ustc.edu.cn
	https://zgkxjsdxcbs.tmall.com
印刷	合肥华苑印刷包装有限公司
发行	中国科学技术大学出版社
开本	787 mm×1092 mm　1/16
印张	11.5
字数	295 千
版次	2022 年 8 月第 1 版
印次	2022 年 8 月第 1 次印刷
定价	36.00 元

前　　言

本书为高等职业教育电类基础课新形态一体化规划教材,亦为安徽省高等学校"十三五"省级规划教材,可作为中等和高等职业学校电子通信类、机电类、自动化类、数控类等专业学生的实验教材,同时可供相关社会从业人员参考或培训使用。

本书充分考虑高职高专教学规律、办学定位、岗位需求以及现代电子技术发展趋势等因素,以培养学生能力和素养为出发点,突出重点教学内容,加强对重要概念的介绍,增强应用性,从而使教材易教易学。

"电工电子技术实验与实训"是高职高专工科院校实践教学环节中的重要课程。作为该课程的配套教材,本书将电工电子技术基础理论与实践操作有机地联系起来,以加深学生对所学理论课程的理解,逐步培养和提高学生的设计能力、实际操作能力、独立分析问题和解决问题的能力以及创新思维能力。

本书由电工基础实验与实训篇、模拟电子技术实验与实训篇、数字电子技术实验与实训篇三篇组成,共14个学习情境、44个实验与实训项目。本书内容覆盖整个电工电子课程的教学内容,并且遵从循序渐进的原则,使学生掌握电工电子电路的分析与设计、安装与测试方法和常用电工电子仪器的使用方法。附录中介绍了一些常用芯片的引脚图,供读者参考。此外,本书配套了实验操作视频和教学微课等资源,其中部分资源以二维码形式在书中呈现,读者可以随时随地地利用移动设备扫码学习。

本书由安徽机电职业技术学院曹光华教授主审,由安徽机电职业技术学院刘苏英、汤德荣任主编,由安徽机电职业技术学院张辉任副主编。编写分工如下:刘苏英编写第3篇中的学习情境10、11、12、13、14,并负责整书的统稿工作;汤德荣编写第2篇中的学习情境5、6及本书附录;张辉编写第1篇中的学习情境1、2;安徽机电职业技术学院席宇迪编写第1篇中的学习情境3、4;安徽机电职业技术学院唐梅编写第2篇中的学习情境7;安徽机电职业技术学院黄金霖编写第2篇中的学习情境8、9。

由于编者水平有限,书中难免有不妥之处,敬请广大读者批评指正。

编　者

2022 年 6 月

目　　录

第1篇　电工基础实验与实训

第2篇　模拟电子技术实验与实训

第 3 篇　数字电子技术实验与实训

第 1 篇
电工基础实验与实训

学习情境 1　直流电路求解与测试

任务 1　线性与非线性元件伏安特性曲线的测绘

一、任务实施目的

(1) 掌握线性电阻、非线性电阻元件伏安特性曲线的逐点测试法。

(2) 学习电压源和电流源、直流电压表和电流表的使用方法。

二、任务实施器材

(1) 直流电压表、直流电流表。

(2) 电压源(双路 0～30 V 可调)。

三、任务原理分析

任一二端电阻元件的特性可用该元件上的端电压 U 与通过该元件的电流 I 之间的函数关系 $U = f(I)$ 来表示,即用 U-I 平面上的一条曲线来表征,这条曲线称为该电阻元件的伏安特性曲线。根据伏安特性的不同,电阻元件分为两大类:线性电阻和非线性电阻。线性电阻元件的伏安特性曲线是一条通过坐标原点的直线,如图 1-1(a)所示,该直线的斜率只由电阻元件的电阻值 R 决定,其阻值为常数,与元件两端的电压 U 和通过该元件的电流 I 无关;非线性电阻元件的伏安特性曲线是一条经过坐标原点的曲线,其阻值 R 不是常数,即在不同的电压作用下,电阻值是不同的,常见的非线性电阻如白炽灯丝、普通二极管、稳压二极管等,它们的伏安特性曲线如图 1-1(b)、(c)、(d)所示。在图 1-1 中,$U > 0$ 的部分为正向特性,$U < 0$ 的部分为反向特性。

绘制伏安特性曲线通常采用逐点测试法,即在不同的端电压作用下,测量出相应的电流,然后逐点绘制出伏安特性曲线,根据伏安特性曲线便可计算其电阻值。

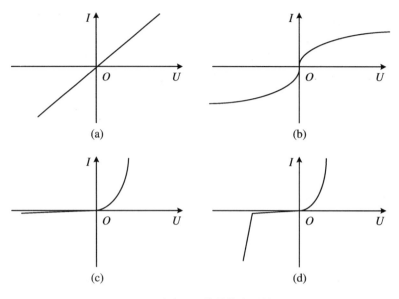

图 1-1　几种常见元件的伏安特性曲线

四、任务注意事项

（1）测量时，可调稳压电源的输出电压由"0"缓慢逐渐增加，并应时刻注意电压表和电流表，不能超过规定值。

（2）稳压电源输出端切勿碰线短路。

（3）测量中，随时注意电流表读数，及时更换电流表量程，勿使仪表超量程。

五、任务实施步骤

1. 测定线性电阻的伏安特性

按图 1-2 接线，调节恒压源输出电压，使电压表读数分别为 0 V、2 V、4 V、6 V、8 V、10 V，在表 1-1 中记下电流表读数。

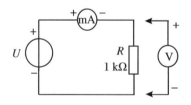

图 1-2　线性电阻的伏安特性测试电路

表 1-1　线性电阻的伏安特性数据

U(V)	0	2	4	6	8	10
I(mA)						

2．测定 6.3 V 白炽灯泡的伏安特性

将图 1-2 中的 1 kΩ 线性电阻换成一只 6.3 V 的灯泡,重复步骤 1 的测量,电压表读数不能超过 6.3 V,在表 1-2 中记下相应的电流表的读数。

表 1-2　6.3 V 白炽灯泡的伏安特性数据

U(V)	0	1	2	3	4	5	6.3
I(mA)							

3．测定半导体二极管的伏安特性

按图 1-3 接线,R 为限流电阻,取 200 Ω,二极管的型号为 1N4007。测二极管的正向特性时,调节恒压源输出电压,使电压表读数分别为表 1-3 中各值,记下对应的电流值,注意正向电流不得超过 25 mA;测反向特性时,对换稳压电源输出端正、负极连线,调节恒压源输出电压,使电压表读数分别为表 1-4 中各值,记下对应的电流值。

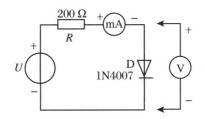

图 1-3　非线性电阻的伏安特性测试电路

表 1-3　二极管的正向特性实验数据

U(V)	0	0.2	0.4	0.45	0.5	0.55	0.60	0.65	0.70	0.75
I(mA)										

表 1-4　二极管的反向特性实验数据

U(V)	0	-5	-10	-15	-20	-25	-30
I(mA)							

4．测定稳压管的伏安特性

将图 1-3 中的二极管 1N4007 换成稳压管 2CW51,重复步骤 3 的测量,其正、反向电流不得超过 ±20 mA,将数据分别记入表 1-5 和表 1-6 中。

表 1-5　稳压管的正向特性实验数据

U(V)	0	0.2	0.4	0.45	0.5	0.55	0.60	0.65	0.70	0.75
I(mA)										

表 1-6　稳压管的反向特性实验数据

U(V)	0	-1	-1.5	-2.0	-2.5	-2.8	-3	-3.2	-3.5	-3.55
I(mA)										

六、任务总结

(1) 线性电阻与非线性电阻的伏安特性有何区别？它们的电阻值与通过的电流有无关系？

(2) 根据表1-1、表1-2、表1-3、表1-4的实验数据,分别在方格纸上绘制出对应的伏安特性曲线,计算线性电阻的电阻值,并与实际电阻值比较。

任务 2　电位、电压的测量

一、任务实施目的

(1) 学会测量电路中各点电位和两点间电压的方法,理解电位的相对性和电压的绝对性。

(2) 掌握直流稳压电源、直流电压表的使用方法。

二、任务实施器材

(1) 直流电压表、直流电流表。

(2) 电压源(双路 0~30 V 可调)。

三、任务原理分析

在一个确定的闭合电路中,各点电位的大小随所选电位参考点的不同而不同,但任意两点之间的电压(即两点之间的电位差)是不变的,这一性质称为电位的相对性和电压的绝对性。据此性质,我们可用一只电压表来测量出电路中各点的电位及任意两点间的电压。

四、任务注意事项

使用电源时,防止电源输出端短路。

电位电压测量

五、任务实施步骤

实验电路如图 1-4 所示,将 U_{S_1} 调至 +6 V, U_{S_2} 调至 +12 V。

以图 1-4 中的 A 点作为电位参考点,分别测量 B、C、D、E、F 各点的电位和电压 U_{AB}、U_{BC}、U_{CD}、U_{DE}、U_{EF} 及 U_{FA}。

将电压表的黑表笔端插入 A 点,红表笔端分别插入 B、C、D、E、F 各点进行测量,得其电位。将电压表的红表笔端插入 A 点,黑表笔端插入 B 点,读出电压表的读数,即为 U_{AB}。按同样方法测量 U_{BC}、U_{CD}、U_{DE}、U_{EF} 及 U_{FA},将所测的各电位和电压数据记入表 1-7 中。

以 D 点作为电位参考点,重复上述步骤。

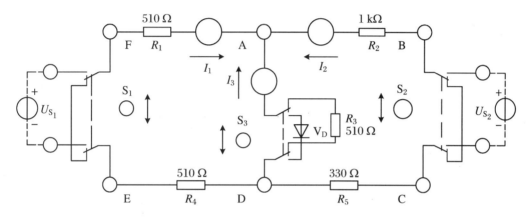

图 1-4　电位、电压的测定实验电路

表 1-7　电路中各点电位和电压数据

电位参考点	V_A (V)	V_B (V)	V_C (V)	V_D (V)	V_E (V)	V_F (V)	U_{AB} (V)	U_{BC} (V)	U_{CD} (V)	U_{DE} (V)	U_{EF} (V)	U_{FA} (V)
A	0											
D				0								

六、任务总结

(1) 电位参考点不同,各点电位是否相同? 任两点的电压是否相同? 为什么?

(2) 在测量电位、电压时,为何数据前会出现"±"号? 它们各表示什么意义?

任务 3　基尔霍夫定律的验证

一、任务实施目的

(1) 验证基尔霍夫定律,加深对基尔霍夫定律的理解。

（2）掌握电压表和电流表的使用方法。

（3）训练排除简单电路故障的能力。

二、任务实施器材

（1）直流数字电压表、直流数字电流表。

（2）恒压源（双路 0～30 V 可调）。

三、任务原理分析

基尔霍夫电流定律和电压定律是电路的基本定律，它们分别描述节点电流和回路电压，即对电路中的任一节点而言，在设定电流的参考方向后，应有 $\sum I = 0$。一般流出节点的电流取负号，流入节点的电流取正号；对任何一个闭合回路而言，在设定了回路和电压的参考方向后，从电路某一点绕行一周，应有 $\sum U = 0$，一般电压方向与回路绕行方向一致的电压取正号，电压方向与回路绕行方向相反的电压取负号。

四、任务注意事项

（1）U_{S_1}、U_{S_2} 值以电压表读数为准，不以电源表盘指示值为准。

（2）防止电源两端碰线短路。

（3）在实验前，必须设定电路中所有电流、电压的参考方向，其中电阻上的电压方向应与电流方向一致。

（4）测量电压和电流的注意事项：

① 在进行测量前首先应认清被测信号及测量参数，确定正确的测量档位。

② 选择合适的量程，在接入被测信号前应先估计被测信号的大小，若被测信号的大小无法估计，则应选择最高量程；测试时若指示值太小，则应降低量程，最后在合适的量程上记下读数。

③ 选择正确的极性、正确地接线，即仪表的正极接被测电路的高电位端，仪表的负极接被测电路的低电位端。在接线时应先接好低电位端，在拆线时应后拆低电位端。

④ 在测量电压时，应将电压表并联于被测电路的两端，为了保证测量精度，应尽量少地吸收被测电路的功率，在其他条件相同时，应尽量选择输入电阻大的电压表，在测量高频电压时，应尽量选择输入电容小的电压表。

⑤ 在测量电流时，应将电流表串联接入被测电路中，而且要注意量程和极性。为了保证足够的测量精度，在其他条件相同的情况下，应尽量选择内阻小的电流表。

⑥ 用模拟电压电流表测量时，在无法判断电位高低或电流流向时，可先按估计方向进行点触，一旦发现指针反偏，立即撤下表笔，调换红黑表笔再进行测量。

⑦ 电流测量要求断开被测电路，串联接入电流表，这样既不方便，又比较危险。所以操作要细心，最好是电流表连接好后再通电测量。这时也可以选择间接测量法，先测电压，再计算电流。

⑧ 测量仪表应尽量避免干扰,要求测试环境也尽量避免受到电磁干扰。同时,应使测试连线尽量短一些,减小输入回路的分布参数。

⑨ 测量仪表应使用正确的电源,按要求连接地线。测量时还要正确放置仪表。

⑩ 在使用按钮或转换开关时不要用力过猛,以防损坏部件。

基尔霍夫定律的验证

五、任务实施步骤

实验电路如图 1-5 所示,将 U_{S_1} 调至 +6 V,U_{S_2} 调至 +12 V,开关 S_1 投向 U_{S_1} 侧,开关 S_2 投向 U_{S_2} 侧,开关 S_3 投向 R_3 侧。

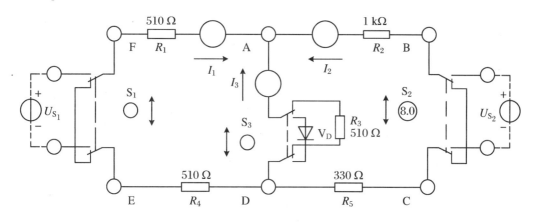

图 1-5　基尔霍夫定律实验电路

实验前先设定三条支路的电流参考方向,如图中的 I_1、I_2、I_3 所示,并熟悉线路结构,掌握各开关的操作使用方法。

(1) 计算和测量支路电流,将数据记入表 1-8 中。注意根据图 1-5 中的电流参考方向,确定各支路电流的正负号。

表 1-8　支路电流数据

支路电流	I_1(mA)	I_2(mA)	I_3(mA)
计算值			
测量值			
相对误差			

(2) 计算和测量元件电压,将数据记入表 1-9 中。

表 1-9　各元件电压数据

各元件电压(V)	U_{S_1} (V)	U_{S_2} (V)	U_{R_1} (V)	U_{R_2} (V)	U_{R_3} (V)	U_{R_4} (V)	U_{R_5} (V)
计算值							
测量值							
相对误差							

六、任务总结

（1）根据实验数据,选定实验电路中的任一个节点,验证基尔霍夫电流定律(KCL)的正确性。

（2）根据实验数据,选定实验电路中的任一个闭合回路,验证基尔霍夫电压定律(KVL)的正确性。

（3）列出求解电压 U_{EA} 和 U_{CA} 的电压方程,并根据实验数据求出它们的数值。

任务 4　线性电路叠加性和齐次性验证

一、任务实施目的

（1）验证叠加定理。

（2）了解叠加定理的应用场合。

（3）理解线性电路的叠加性。

二、任务实施器材

（1）直流数字电压表、直流数字电流表。

（2）恒压源(双路 0～30 V 可调)。

三、任务原理分析

叠加定理指出:在有多个独立电源同时作用的线性电路中,通过每一个元件的电流或其两端的电压,可以看成由每一个独立电源单独作用在该元件上时所产生的电流或电压的代数和。具体方法是:当一个电源单独作用时,其他电源对电路的作用应视为零(电压源视为短路,电流源视为开路);在求电流或电压的代数和时,当电源单独作用时电流或电压的参考方向与共同作用时的参考方向一致时,符号取正,否则取负。叠加定理反映了线性电路的叠加性。

线性电路的齐次性是指当激励信号(如电源作用)增加或减小 K 倍时,电路的响应(即在电路其他各电阻元件上所产生的电流和电压值)也将增加或减小 K 倍。

叠加性和齐次性都只适用于求解线性电路中的电流和电压。对于非线性电路,叠加性和齐次性都不适用。

四、任务注意事项

(1) 测量各支路电流和各元件电压时,应注意参考方向,正确确定数据的正负。

(2) 注意仪表量程的及时更换。

(3) 电压源单独作用时,去掉另一个电源,只能在实验板上用开关 S_1 或 S_2 操作,而不能直接将电压源短路。

叠加定理的验证

五、任务实施步骤

实验电路如图 1-6 所示,将 U_{S_1} 调至 $+12$ V,U_{S_2} 调至 $+6$ V。

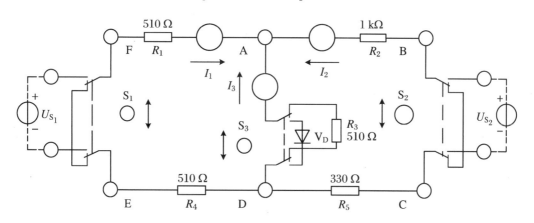

图 1-6　叠加定理验证实验电路

1. 线性电路测试

将开关 S_1 投向 U_{S_1} 侧,开关 S_2 投向短路侧,开关 S_3 投向 R_3 侧。分别画出 U_{S_1}、U_{S_2} 单独作用和 U_{S_1}、U_{S_2} 共同作用时的电路图(图 1-7、图 1-8、图 1-9),并标明各电流、电压的参考方向。

图 1-7 U_{S_1} 单独作用电路图

图 1-8 U_{S_2} 单独作用电路图

图 1-9 U_{S_1}、U_{S_2} 共同作用电路图

按照表 1-10 进行测量,注意数据正负号的确定。

表 1-10　实验数据一

测量项目 实验内容	U_{S_1} (V)	U_{S_2} (V)	I_1 (mA)	I_2 (mA)	I_3 (mA)	U_{AB} (V)	U_{CD} (V)	U_{AD} (V)	U_{DE} (V)	U_{FA} (V)
U_{S_1} 单独作用	12	0								
U_{S_2} 单独作用	0	6								
U_{S_1}、U_{S_2} 共同作用	12	6								
$2U_{S_2}$ 单独作用	0	12								

2. 非线性电路测试

将开关 S_3 投向二极管 V_D 侧,即电阻 R_5 换成一只二极管 1N4007,按照表 1-11 进行测量,注意数据正负号的确定。

表 1-11　实验数据二

测量项目 实验内容	U_{S_1} (V)	U_{S_2} (V)	I_1 (mA)	I_2 (mA)	I_3 (mA)	U_{AB} (V)	U_{CD} (V)	U_{AD} (V)	U_{DE} (V)	U_{FA} (V)
U_{S_1} 单独作用	12	0								
U_{S_2} 单独作用	0	6								
U_{S_1}、U_{S_2} 共同作用	12	6								
$2U_{S_2}$ 单独作用	0	12								

六、任务总结

(1) 结合表 1-10 和表 1-11 的实验数据,图 1-6 所示电路图中若有一个电阻元件改为二极管,叠加性还成立吗? 为什么?

(2) 根据表 1-10 的实验数据,通过求各支路电流和各电阻元件两端的电压,验证线性电路的叠加性与齐次性。

任务 5　电压源、电流源及其电源等效变换

一、任务实施目的

(1) 掌握建立电源模型的方法。
(2) 掌握电源外特性的测试方法。
(3) 加深对电压源和电流源特性的理解。
(4) 研究电源模型等效变换的条件。

二、任务实施器材

(1) 直流数字电压表、直流数字电流表。
(2) 恒压源（双路 0～30 V 可调）。
(3) 恒流源（双路 0～200 mA 可调）。

三、任务原理分析

1. 电压源和电流源

电压源具有端电压保持恒定不变,而输出电流的大小由负载决定的特性。其外特性,即端电压 U 与输出电流 I 的关系 $U = f(I)$ 是一条平行于 I 轴的直线。实验中使用的恒压源在规定的电流范围内,具有很小的内阻,可以将它视为一个电压源。

电流源具有输出电流保持恒定不变,而端电压的大小由负载决定的特性。其外特性,即输出电流 I 与端电压 U 的关系 $I = f(U)$ 是一条平行于 U 轴的直线。实验中使用的恒流源在规定的电流范围内,具有极大的内阻,可以将它视为一个电流源。

2. 实际电压源和实际电流源

实际上任何电源内部都存在电阻,通常称为内阻。因而,实际电压源可以用一个内阻 R_S 和电压源 U_S 串联表示,其端电压 U 随输出电流 I 的增大而降低。在实验中,可以用一个小阻值的电阻与恒压源串联来模拟一个实际电压源。

实际电流源可以用一个内阻 R_S 和电流源 I_S 并联表示,其输出电流 I 随端电压 U 的增大而减小。在实验中,可以用一个大阻值的电阻与恒流源并联来模拟一个实际电流源。

3. 实际电压源和实际电流源的等效互换

一个实际的电源,就其外部特性而言,既可以看成是一个电压源,又可以看成是一个电流源。若视为电压源,则可用一个电压源 U_S 与一个电阻 R_S 串联表示;若视为电流源,则可用一个电流源 I_S 与一个电阻 R_S 并联表示。若它们向同样大小的负载提供同样大小的电流和端电压,则称这两个电源是等效的,即具有相同的外特性。

实际电压源与实际电流源等效变换的条件为:

（1）取实际电压源与实际电流源的内阻均为 R_S。

（2）若已知实际电压源的参数为 U_S 和 R_S，则等效实际电流源的参数为 $I_\mathrm{S} = \dfrac{U_\mathrm{S}}{R_\mathrm{S}}$ 和 R_S。

（3）若已知实际电流源的参数为 I_S 和 R_S，则实际电压源的参数为 $U_\mathrm{S} = I_\mathrm{S}R_\mathrm{S}$ 和 R_S。

四、任务注意事项

（1）在测电压源外特性时，不要忘记测空载（$I = 0$）时的电压值；测电流源外特性时，不要忘记测负载短路（$U = 0$）时的电流值，注意恒流源负载电压不可超过 20 V，负载更不可开路。

（2）换接线路时，必须关闭电源开关。

（3）直流仪表的接入应注意极性与量程。

五、任务实施步骤

1. 测定电压源（恒压源）与实际电压源的外特性

实验电路如图 1-10 所示，图中的电源 U_S 接恒压源 0～＋30 V 可调电压输出端，并将输出电压调到 ＋6 V，R_1 取 200 Ω 的固定电阻，R_2 取 470 Ω 的电位器。调节电位器 R_2，令其阻值由大至小变化，在变化过程中取 7 个点，并将电流表、电压表的读数记入表 1-12 中。

表 1-12 电压源（恒压源）外特性电路的测量数据

I（mA）							
U（V）							

在图 1-10 的电路中，将电压源改成实际电压源，如图 1-11 所示，图中内阻 R_0 取 51 Ω 的固定电阻，调节电位器 R_2，令其阻值由大至小变化，同样在变化过程中取 7 个点，并将电流表、电压表的读数记入表 1-13 中。

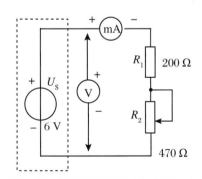

图 1-10 测量直流稳压电源外特性电路

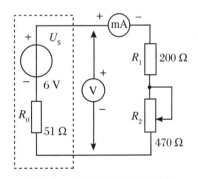

图 1-11 模拟实际电压源电路

表 1-13　实际电压源外特性电路的测量数据

I(mA)					
U(V)					

2. 测定电流源(恒流源)与实际电流源的外特性

按图 1-12 接线,图中 I_S 为恒流源,调节其输出电流为 10 mA(用毫安表测量),R_L 取 470 Ω 的电位器,在 R_0 分别为 1 kΩ 和 ∞ 两种情况下,调节电位器 R_L,令其阻值由大至小变化,在变化过程中取 7 个点,并将电流表、电压表的读数记入表 1-14 和表 1-15 中。

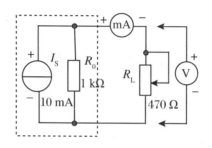

图 1-12　电流源外特性测试电路

表 1-14　电流源(恒流源)外特性电路的测量数据(R_0 取∞,即断开)

I(mA)					
U(V)					

表 1-15　实际电流源外特性电路的测量数据(R_0 取 1 kΩ)

I(mA)					
U(V)					

3. 研究电源等效变换的条件

先按图 1-13(a)接线,记录线路中两表的读数。然后利用图 1-13(a)中右侧的元件和仪表,按图 1-13(b)接线,调节恒流源的输出电流 I_S,使两表的读数与图 1-13(a)中的数值相等。记录 I_S 的值,将实验数据填入表 1-16 中,验证等效变换条件的正确性。

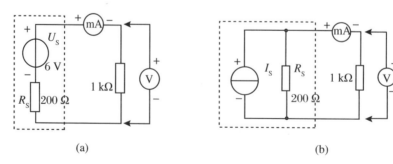

(a)　　　　　　　　　　　　　　　　(b)

图 1-13　电压源和电流源等效条件验证电路

表 1-16　电源等效变换的条件测量数据

(a)图		(b)图		电源	
U_1	I_1	U_2	I_2	U_S	I_S

六、任务总结

(1) 实际电压源与实际电流源的外特性为什么呈下降变化趋势? 下降的快慢受哪个参数影响?

(2) 实际电压源与实际电流源等效变换的条件是什么? 所谓"等效"是对谁而言?

(3) 根据实验数据绘出电源的四条外特性的曲线,并总结、归纳各类电源的特性。

(4) 根据实验结果,验证电源等效变换的条件。

任务 6　戴维南定理的验证

一、任务实施目的

(1) 验证戴维南定理的正确性,加深对该定理的理解。

(2) 掌握测量有源二端网络等效参数的一般方法。

二、任务实施器材

(1) 直流数字电压表、直流数字电流表。

(2) 恒压源(双路 0~30 V 可调)。

(3) 恒源流(0~200 mA 可调)。

三、任务原理分析

1. 原理分析

任何一个线性含源网络,若仅研究其中一条支路的电压和电流,则可将电路的其余部分看作是一个有源二端网络。

戴维南定理指出:任何一个线性有源网络,总可以用一个电压源与一个电阻的串联来等效,该电压源的电压等于这个有源二端网络的开路电压 $U_{\rm OC}$,电阻等于将有源二端网络变成

17

无源二端网络(理想电压源视为短接,理想电流源视为开路)后的等效电阻。

2. 有源二端网络等效参数的测量方法

(1) 开路电压、短路电流法测 R_0。在有源二端网络输出端开路时,先用电压表直接测其输出端的开路电压 U_{OC},再将其输出端短接,用电流表测其短路电流 I_{SC},则等效内阻为

$$R_0 = \frac{U_{OC}}{I_{SC}}$$

当二端网络的内阻很小时,若将其输出端口短路,则易损坏其内部元件,因此不宜用此法。

(2) 伏安法测 R_0。用电压表、电流表测出有源二端网络的外特性曲线,如图 1-14 所示。根据外特性曲线求出斜率 $\tan \varphi$,则内阻

$$R_0 = \tan \varphi = \frac{\Delta U}{\Delta I} = \frac{U_{OC}}{I_{SC}}$$

也可以先测量开路电压 U_{OC},再测量电流为额定值 I_N 时的输出端电压值 U_N,则内阻为

$$R_0 = \frac{U_{OC} - U_N}{I_N}$$

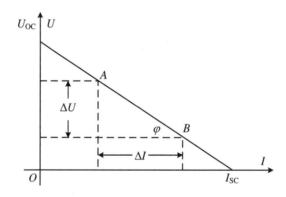

图 1-14 有源二端网络的外特性曲线

(3) 半电压法测 R_0。如图 1-15 所示,当负载电压为被测网络开路电压的一半时,负载电阻(由电阻箱的读数确定)即为被测有源二端网络的等效内阻值。

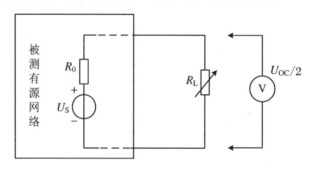

图 1-15 半电压法测 R_0 电路

(4) 零示法测 U_{OC}。在测量具有高内阻有源二端网络的开路电压时,用电压表直接测量会造成较大的误差。为了消除电压表内阻的影响,往往采用零示测量法,如图 1-16 所示。

零示法测量原理是用一低内阻的稳压电源与被测有源二端网络进行比较,当稳压电源

的输出电压与有源二端网络的开路电压相等时,电压表的读数将为"0"。然后将电路断开,测量此时稳压电源的输出电压,即为被测有源二端网络的开路电压。

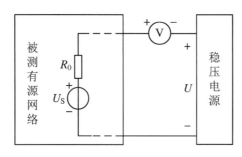

图 1-16　零示法测 U_{OC} 电路

四、任务注意事项

(1) 测量时,注意电压表和电流表量程的更换。
(2) 改接线路时,要关掉电源。

戴维南定理的验证

五、任务实施步骤

被测有源二端网络如图 1-17 所示。

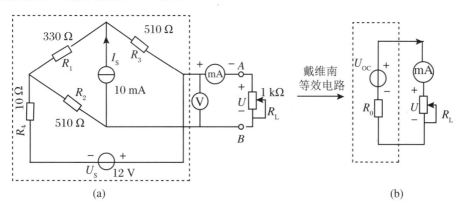

图 1-17　有源二端网络

1. 在图 1-17 所示线路接入恒压源 $U_S = 12$ V 和恒流源 $I_S = 10$ mA 及可变电阻 R_L

测开路电压 U_{OC}:在图 1-17 电路中,断开负载 R_L,用电压表测量开路电压 U_{OC},将数据记入表 1-17 中。

测短路电流 I_{SC}:在图 1-17 电路中,将负载 R_L 短路,用电流表测量短路电流 I_{SC},将数据记入表 1-17 中。

表 1-17　有源二端网络的外特性数据一

U_{OC}(V)	I_{SC}(mA)	$R_0 = U_{OC}/I_{SC}$

2．负载实验

测量有源二端网络的外特性：在图 1-17 电路中，改变负载电阻 R_L 的阻值，逐点测量对应的电压、电流，将数据记入表 1-18 中。

表 1-18　有源二端网络的外特性数据二

$R_L(\Omega)$	990	900	800	700	600	500	400	300	200	100
$U(V)$										
$I(mA)$										

3．验证戴维南定理

测量有源二端网络等效电压源的外特性：图 1-17(b) 是图 1-17(a) 的等效电压源电路，将图 1-17(a) 中的电压源 U_S 调整到表 1-15 中的 U_{OC} 数值，内阻 R_0 按表 1-17 中计算出来的 R_0（取整）选取固定电阻。然后，用电阻箱改变负载电阻 R_L 的阻值，逐点测量对应的电压、电流，将数据记入表 1-19 中。

表 1-19　有源二端网络等效电压源的外特性数据

$R_L(\Omega)$	990	900	800	700	600	500	400	300	200	100
$U(V)$										
$I(mA)$										

六、任务总结

（1）如何测量有源二端网络的开路电压和短路电流？在什么情况下不能直接测量开路电压和短路电流？

（2）说出测量有源二端网络的开路电压及等效内阻的几种方法，并比较其优缺点。

（3）比较表 1-18 和表 1-19 中的数据，绘出有源二端网络和有源二端网络等效电路的外特性曲线，验证戴维南定理的正确性。

任务 7　最大功率传输条件的研究

一、任务实施目的

（1）理解阻抗匹配，掌握负载获得最大功率的条件。

（2）掌握根据电源外特性设计实际电源模型的方法。

二、任务实施器材

（1）直流数字电压表、直流数字电流表。

（2）恒压源（双路 0～30 V 可调）。

（3）恒流源（0～200 mA 可调）。

三、任务原理分析

1. 电源与负载功率的关系

图 1-18 可视为由一个电源向负载输送电能的模型，R_0 可视为电源内阻和传输线路电阻的总和，R_L 为可变负载电阻。

负载 R_L 上消耗的功率 P 可由下式表示：

$$P = I^2 R_L = \left(\frac{U}{R_0 + R_L}\right)^2 R_L$$

当 $R_L = 0$ 或 $R_L = \infty$ 时，电源输送给负载的功率均为零。

而以不同的 R_L 值代入上式可求得不同的 P 值，其中必有一个 R_L 值，使负载能从电源处获得最大的功率。

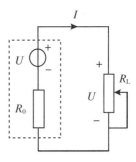

图 1-18　电源供电电路

2. 负载获得最大功率的条件

根据数学求最大值的方法，令负载功率表达式中的 R_L 为自变量，P 为因变量，并使 $\mathrm{d}P/\mathrm{d}R_L = 0$，即可求得最大功率传输的条件：

$$\frac{\mathrm{d}P}{\mathrm{d}R_L} = \frac{\left[(R_0 + R_L)^2 - 2R_L(R_L + R_0)\right]U^2}{(R_0 + R_L)^4} = 0$$

令 $(R_L + R_0)^2 - 2R_L(R_L + R_0) = 0$，解得 $R_L = R_0$。

当满足 $R_L = R_0$ 时，负载从电源获得的最大功率为

$$P_{\max} = \left(\frac{U}{R_0 + R_L}\right)^2 R_L = \left(\frac{U}{2R_L}\right)^2 R_L = \frac{U^2}{4R_L}$$

这时，称此电路处于"匹配"工作状态。

3. 匹配电路的特点及应用

在电路处于"匹配"状态时，电源本身要消耗一半的功率，此时电源的效率只有 50%。显然，这在电力系统的能量传输过程中是绝对不允许的。发电机的内阻是很小的，电路传输的最主要指标是要高效率送电，最好是 100% 的功率均传送给负载。为此负载电阻应远大于电源的内阻，即不允许运行在匹配状态。而在电子技术领域里却完全不同，一般的信号源本身功率较小，且都有较大的内阻。而负载电阻（如扬声器等）往往是较小的定值，且希望能从电源获得最大的功率输出，而电源的效率往往不予考虑。通常设法改变负载电阻，或者在信号源与负载之间加阻抗变换器（如音频功率放大器的输出级与扬声器之间的输出变压器），使电路处于工作匹配状态，以使负载能获得最大的输出功率。

四、任务注意事项

（1）测量时，注意电压表和电流表量程的更换。

（2）接线与实验操作时防止电源短路。

五、任务实施步骤

1. 根据电源外特性曲线设计一个实际电压源模型

已知电源外特性曲线如图 1-19 所示，根据图中给出的开路电压和短路电流数值，计算出实际电压源模型中的电压源 U_S 和内阻 R_0。实验中，电压源 U_S 接恒压源的可调稳压输出端，内阻 R_0 选用固定电阻。

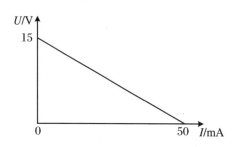

图 1-19　电源外特性曲线

2. 测量电路传输功率

用上述设计的实际电压源与负载电阻 R_L 相连，图中 R_L 选用电阻箱，从 $0\sim600\ \Omega$ 改变负载电阻 R_L 的数值，测量对应的电压、电流，将数据记入表 1-20 中。

表 1-20　电路传输功率数据

$R_L(\Omega)$	0	100	200	300	400	500	600
$U_L(V)$							
$I_L(mA)$							
$P_L(mW)$							
$\eta(\%)$							

六、任务总结

（1）什么是阻抗匹配？电路传输最大功率的条件是什么？

（2）处理数据。

① 根据表 1-20 的实验数据，计算出对应的负载功率 P_L，并画出负载功率 P_L 随负载电阻 R_L 变化的曲线，找出传输最大功率的条件。

② 根据表 1-20 的实验数据，计算出对应的效率 η，指出传输最大功率时的效率，以及什么时候出现最大效率？

学习情境 2　室内电气安装与测试

任务 1　日光灯实验及负载功率因数的提高

一、任务实施目的

(1) 研究正弦稳态交流电路中电压、电流相量之间的关系。

(2) 掌握 RC 串联电路的相量轨迹及其作移相器的应用。

(3) 掌握日光灯线路的接线。

(4) 理解改善电路功率因数的意义并掌握其方法。

二、任务实施器材

(1) 交流电压表、交流电流表、功率表。

(2) 调压器。

(3) 30 W 镇流器、400 V/4.7 μF 电容器、25 W/220 V 白炽灯。

三、任务原理分析

(1) 在单相正弦交流电路中,用交流电流表测得各支路的电流值,用交流电压表测得回路各元件两端的电压值,它们之间的关系满足相量形式的基尔霍夫定律。

(2) 图 1-20 所示的 RC 串联电路,在正弦稳态信号的激励下,电容两端电压与电容中所流过的电流保持有 $90°$ 的相位差,如图 1-21 所示。R 值改变时,可改变 φ 角的大小,从而达到移相的目的。

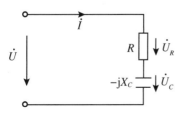

图 1-20　RC 串联电路

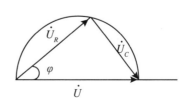

图 1-21　RC 串联电路电压三角形

（3）日光灯线路如图 1-22 所示，图中 A 是日光灯管，L 是镇流器，S 是启辉器，有关日光灯的工作原理请自行翻阅有关资料。

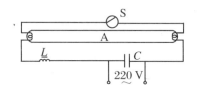

图 1-22 日光灯电路

四、任务注意事项

（1）实验前和实验结束后都要检查以确保调压器处于零位。

（2）断电状态接线，接好后经指导教师检查无误，方可开启电源，并始终用交流电压表监测电源电压。

RC 串联电路验证电压三角形　　　　日光灯电路测试　　　　改善日光灯电路功率因数

五、任务实施步骤

（1）按图 1-20 接线。R 为 220 V、15 W 的白炽灯泡，电容器为 4.7 μF/450 V。接通实验台电源，将自耦调压器输出（即 U）调至 220 V。记录 U、U_R、U_C 值于表 1-21 中，验证电压三角形关系。

表 1-21　验证电压三角形关系的测量数据

测　量　值			验证电压三角形关系
U(V)	U_R(V)	U_C(V)	

（2）日光灯线路接线与测量。按图 1-23 接线。调节自耦调压器的输出，使其输出电压缓慢增大，直到日光灯刚启辉点亮为止，记下三个表的指示值。然后将电压调至 220 V，测量功率 P，电流 I，电压 U，U_L，U_A 等值，记入表 1-22 中，验证电压、电流相量关系。

表 1-22　日光灯测试电路的数据

	测　量　数　值						计算值	
	P(W)	$\cos\varphi$	I(mA)	U(V)	U_L(V)	U_A(V)	r(Ω)	$\cos\varphi$
启辉值								
正常工作值								

（3）电路功率因数的改善。按图 1-24 接线，接通实验台电源，将自耦调压器的输出电压调至 220 V，记录功率表、电压表读数。通过一只电流表和三个电流插座分别测得三条支路的电流，改变电容值，进行三次重复测量。数据记入表 1-23 中。

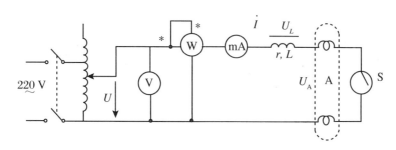

图 1-23　日光灯测试电路

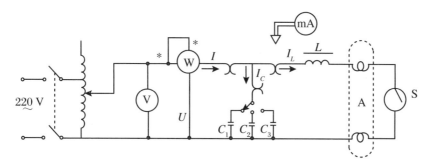

图 1-24　改善功率因数测试电路

表 1-23　改善功率因数测试电路的数据

电容值	测　量　数　值						计　算　值	
$C(\mu F)$	$P(W)$	$\cos\varphi$	$U(V)$	$I(mA)$	$I_L(mA)$	$I_C(mA)$	$I'(mA)$	$\cos\varphi$
0								
1								
2.2								
4.7								

五、任务总结

（1）完成数据表格中的计算，进行必要的误差分析。

（2）根据实验数据，分别绘出电压、电流相量图，验证相量形式的基尔霍夫定律。

（3）讨论改善电路功率因数的意义和方法。

（4）谈谈装接日光灯线路的心得体会。

任务 2 单相电度表的校验

一、任务实施目的

(1) 了解电度表的工作原理,掌握电度表的接线和使用。
(2) 学会测定电度表的技术参数和校验方法。

二、任务实施器材

(1) 三相交流电源。
(2) 交流电压表、交流电流表、功率表。
(3) 单相电度表。
(4) 计时器(自备)。

三、任务原理分析

电度表是一种感应式仪表,是根据交变磁场在金属中产生感应电流,从而产生转矩的基本原理而工作的仪表,主要用于测量交流电路中的电能。主要技术指标有:

(1) 电度表常数:铝盘的转数 n 与负载消耗的电能 W 成正比,即

$$N = \frac{n}{W}$$

比例系数 N 称为电度表常数,常在电度表上标明,其单位是转/千瓦小时。

(2) 电度表灵敏度:在额定电压、额定频率及 $\cos\varphi = 1$ 的条件下,负载电流从零开始增大,测出铝盘开始转动的最小电流值 $I_{\min}$,则仪表的灵敏度表示为

$$S = \frac{I_{\min}}{I_N} \times 100\%$$

式中,I_N 为电度表的额定电流。

(3) 电度表的潜动:当负载等于零时电度表仍出现缓慢转动的情况,这种现象称为潜动。按照规定,无负载电流的情况下,外加电压为电度表额定电压的 110%(达 242 V)时,观察铝盘的转动是否超过一周,凡超过一周者,判为潜动不合格。

本实验电度表接线图如图 1-25 所示,"黄""绿"两端为电流线圈,"黄""蓝"两端为电压线圈。

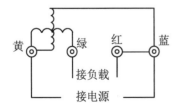

图 1-25 电度表接线图

四、任务注意事项

（1）实验前和实验结束都要检查，确保调压器处于零位。

（2）断电状态接线，接好后经指导教师检查无误，方可开启电源。

五、任务实施步骤

1. 记录被校验电度表的额定数据和技术指标

额定电流 $I_N = $ _____，额定电压 $U_N = $ _____，电度表常数 $N = $ _____。

2. 用功率表、计时器校验电度表常数

按图 1-26 接线，电度表的接线与功率表相同，其电流线圈与负载串联，电压线圈与负载并联。线路经指导教师检查无误后，接通电源，将调压器的输出电压调到 220 V，按表 1-24 的要求接通灯组负载，用秒表定时记录电度表铝盘的转数，并记录各仪表的读数。为了数圈数的准确性，可将电度表铝盘上的一小段红色标记刚出现（或刚结束）时作为秒表计时的开始。此外，为了能记录整数转数，可先预定好转数，待电度表铝盘刚转完此转数时，作为秒表测定时间的终点，将所有数据记入表 1-24 中。

为了准确和熟悉起见，可重复多做几次。

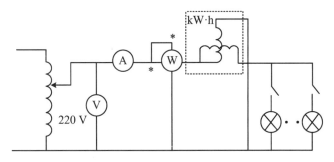

图 1-26　单相电度表校验电路

表 1-24　校验电度表准确度数据

负载情况（25 W 白炽灯个数）	测　量　值					计　算　值			
	U(V)	I(A)	P(W)	时间(s)	转数 n	实测电能 W(kW·h)	计算电能 W(kW·h)	$\Delta W/W$	电度表常数 N
4									
6									

3. 检查电度表的潜动是否合格

切断负载，即断开电度表的电流线圈回路，调节调压器的输出电压为额定电压的 110%（即 242 V），仔细观察电度表的铝盘有否转动，一般允许有缓慢地转动，但应在不超过一圈的任一点上停止，这样的电度表的潜动为合格，反之则为不合格。

六、任务总结

（1）整理实验数据，计算出电度表的各项技术指标。

（2）对被校电度表的各项技术指标作出评价。

学习情境 3　车间供电线路的安装与测试

任务 1　三相交流电路电压、电流的测量

一、任务实施目的

(1) 练习三相负载的星形连接和三角形连接。
(2) 了解三相电路线电压与相电压、线电流与相电流之间的关系。
(3) 了解三相四线制供电系统中中线的作用。

二、任务实施器材

(1) 三相交流电源。
(2) 交流电压表、交流电流表、功率表。
(3) 25 W/220 V 白炽灯。

三、任务原理分析

用三相四线制电源向负载供电,三相负载可接成星形(又称 Y 形)或三角形(又称△形)。

当三相对称负载作 Y 形连接时,线电压 U_L 是相电压 U_P 的 $\sqrt{3}$ 倍,线电流 I_L 等于相电流 I_P,即 $U_L = \sqrt{3} U_P$,$I_L = I_P$,流过中线的电流 $I_N = 0$;作△形连接时,线电压 U_L 等于相电压 U_P,线电流 I_L 是相电流 I_P 的 $\sqrt{3}$ 倍,即 $I_L = \sqrt{3} I_P$,$U_L = U_P$。

不对称三相负载作 Y 连接时,必须采用 Y_0 接法,中线必须牢固连接,以保证三相不对称负载的每相电压等于电源的相电压(三相对称电压)。若中线断开,会导致三相负载电压的不对称,致使负载轻的那一相的相电压过高,使负载遭受损坏,负载重的一相的相电压又过低,使负载不能正常工作;对于不对称负载作△连接时,$I_L \neq \sqrt{3} I_P$,但只要电源的线电压 U_L 对称,加在三相负载上的电压仍是对称的,对各相负载工作没有影响。

本实验中,用三相调压器调压输出作为三相交流电源,用三组白炽灯作为三相负载,线电流、相电流、中线电流用电流插头和插座测量。

四、任务注意事项

（1）本实验采用三相交流市电，线电压为 380 V，应穿绝缘鞋进实验室。实验时要注意人身安全，不可触及导电部件，防止意外事故发生。

（2）每次接线完毕，同组同学应自查一遍，然后由指导教师检查后，方可接通电源，必须严格遵守先断电、再接线、后通电，先断电、后拆线的实验操作原则。

（3）星形负载作短路实验时，必须首先断开中线，以免发生短路事故。

（4）为避免烧坏灯泡，实验挂箱内设有过压保护装置。当任一相电压大于 245～250 V 时，即声光报警并跳闸。因此，在做 Y 接不平衡负载或缺相实验时，所加线电压应以最高相电压小于 240 V 为宜。

五、任务实施步骤

1. 三相负载星形连接（三相四线制供电）

三相负载星形连接
有中线电路测试

三相负载星形连接
无中线电路测试

三相负载三角形
连接电路测试

实验电路如图 1-27 所示，将白炽灯按图所示连接成星形。用三相调压器调压输出作为三相交流电源，具体操作如下：将三相调压器的旋钮置于三相电压输出为 0 V（即逆时针旋到底）的位置，然后旋转旋钮，调节调压器的输出，使输出的三相线电压为 220 V。按表 1-24 所示的各种情况测量电压和电流，并记录数据。

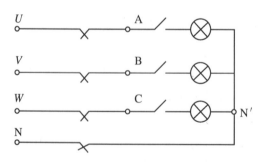

图 1-27　三相负载星形连接

表 1-24　负载星形连接的实验数据

| 中线连接 | 每相灯数 | | | 线电压(V) | | | 负载相电压(V) | | | 负载电流(A) | | | 中线 | | A、B、C 的亮度比较 |
	A	B	C	U_{AB}	U_{BC}	U_{CA}	U_A	U_B	U_C	I_A	I_B	I_C	I_N(A)	$U_{NN'}$(V)	
有	1	1	1												
	1	2	1												
	1	断开	2												
无	1	断开	2												
	1	2	1												
	1	1	1												
	1	短路	3												

2. 三相负载三角形连接

实验电路如图 1-28 所示,将白炽灯按图所示连接成三角形。调节三相调压器的输出电压,使输出的三相线电压为 220 V。测量三相负载对称和不对称时的各相电流、线电流和相电压,将数据记入表 1-25 中,并比较各灯的亮度。

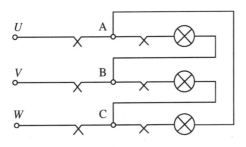

图 1-28　三相负载三角形连接

表 1-25　负载三角形连接的实验数据

| 每相灯数 | | | 相电压(V) | | | 线电流(A) | | | 相电流(A) | | | A、B、C 的亮度比较 |
A-B	B-C	C-A	U_{AB}	U_{BC}	U_{CA}	I_A	I_B	I_C	I_{AB}	I_{BC}	I_{CA}	
1	1	1										
1	2	3										

六、任务总结

(1) 根据实验数据,当负载为星形连接时,$U_L = \sqrt{3}\,U_p$ 在什么条件下成立? 当为三角形连接时,$I_L = \sqrt{3}\,I_p$ 在什么条件下成立?

(2) 用实验数据和观察到的现象,总结三相四线制供电系统中中线的作用。

(3) 不对称三角形连接的负载,能否正常工作? 实验能否证明这一点?

任务 2　三相交流电路功率的测量

一、任务实施目的

(1) 学会用功率表测量三相电路功率的方法。
(2) 掌握功率表的接线和使用方法。

二、任务实施器材

(1) 三相交流电源。
(2) 交流电压表、交流电流表、功率表。
(3) 25 W/220 V 白炽灯。

三、任务原理分析

1. 三相四线制供电、负载星形连接(即 Y_0 接法)有功功率测量

对于三相不对称负载,用三个单相功率表测量,测量电路如图 1-29 所示,三个单相功率表的读数为 W_1、W_2、W_3,则三相功率 $P = W_1 + W_2 + W_3$,这种测量方法称为三瓦特表法;对于三相对称负载,用一个单相功率表测量即可,若功率表的读数为 W,则三相功率 $P = 3W$,称为一瓦特表法。

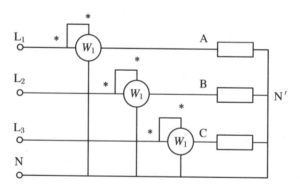

图 1-29　三瓦特表法测三相四线制供电的三相星形连接负载功率

2. 三相三线制供电有功功率测量

在三相三线制供电系统中,不论三相负载是否对称,也不论负载是 Y 接还是△接,都可用二瓦特表法测量三相负载的有功功率。测量电路如图 1-30 所示,若两个功率表的读数为 W_1、W_2,则三相功率 $P = W_1 + W_2$。

当负载功率因数 $\cos \varphi < 0.5$,$|\varphi| > 60°$,则有一个功率表的读数为负值,该功率表指针

将反方向偏转,这时应将该功率表电流线圈的两个端子调换(不能调换电压线圈端子),且读数应记为负值,对于数字式功率表将出现负读数。

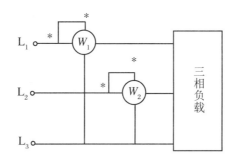

图 1-30　二瓦特表法测三相三线制供电系统功率

3. 三相三线制供电三相对称负载无功功率测量

可用一瓦特表法测得三相负载的总无功功率 Q,测试线路如图 1-31 所示。

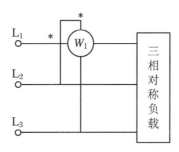

图 1-31　一瓦特表法测三相三线制供电的三相对称负载无功功率

图示功率表读数的$\sqrt{3}$倍,即为对称三相电路总的无功功率。除了此图给出的一种连接法(I_U、U_{VW})外,还有另外两种连接法,即接成(I_V、U_{UW})或(I_W、U_{UV})。

四、任务注意事项

(1) 实验前和实验结束后都要检查,确保调压器处于零位。
(2) 断电状态接线,接好后经指导教师检查无误,方可开启电源。

五、任务实施步骤

1. 三相四线制供电、测量负载星形连接(即 Y_0 接法)的三相功率

三相四线制供电负载星形连接
(Y_0 接法)电路功率测量

三相三线制供电电路功率测量

（1）用一瓦特表法测定三相对称负载三相功率,实验电路如图 1-29 所示,线路中的电流表和电压表监视三相电流和电压,不要超过功率表电压和电流的量程。经指导教师检查后,接通三相电源开关,将调压器的输出由 0 调到 380 V(线电压),按表 1-26 的要求进行测量及计算,将数据记入表中。

（2）用三瓦特表法测定三相不对称负载三相功率,本实验用一个功率表分别测量每相功率,实验电路如图 1-29 所示,步骤与(1)相同,将数据记入表 1-26 中。

表 1-26　三相四线制负载星形连接数据

负载情况	测　量　数　据			计算值
	$P_A(W)$	$P_B(W)$	$P_C(W)$	$P(W)$
Y_0 接对称负载,每相负载各开 1 盏灯				
Y_0 接不对称负载,三相负载分别开 1、2、3 盏灯				

2. 三相三线制供电三相负载功率

（1）用二瓦特表法测量三相负载 Y 连接的三相功率,实验电路如图 1-30 所示,经指导教师检查后,接通三相电源,调节三相调压器的输出,使线电压为 220 V,按表 1-27 的内容进行测量计算,并将数据记入表中。

（2）将三相灯组负载改成△接法,重复(1)的测量步骤,数据记入表 1-27 中。

表 1-27　三相三线制三相负载功率数据

负载情况	测　量　数　据		计算值
	$P_1(W)$	$P_2(W)$	$P(W)$
Y 接对称负载,每相负载各开 1 盏灯			
Y 接不对称负载,三相负载分别开 1、2、3 盏灯			
△接对称负载,每相负载各开 1 盏灯			
△接不对称负载,三相负载分别开 1、2、3 盏灯			

六、任务总结

（1）整理、计算表 1-26 和表 1-27 中的数据,并和理论计算值相比较。

（2）总结、分析三相电路功率测量的方法。

学习情境 4　线性动态电路与正弦谐振电路分析与测试

任务 1　RC 一阶电路的响应测试

一、任务实施目的

(1) 研究 RC 一阶电路的零输入响应、零状态响应和全响应的规律和特点。

(2) 学习一阶电路时间常数的测量方法,了解电路参数对时间常数的影响。

(3) 掌握微分电路和积分电路的基本概念。

二、任务实施器材

(1) 双踪示波器。

(2) 信号源(方波输出)。

(3) MEEL-03 组件。

三、任务原理分析

1. RC 一阶电路的零状态响应

RC 一阶电路如图 1-32 所示,开关 S 在"1"的位置,$u_C = 0$,处于零状态。当开关 S 合向"2"的位置时,电源通过 R 向电容 C 充电,$u_C(t)$ 称为零状态响应,即

$$u_C = U_S - U_S e^{-\frac{t}{\tau}}$$

变化曲线如图 1-33 所示。u_C 上升到 $0.632U_S$ 所需要的时间称为时间常数 τ,$\tau = RC$。

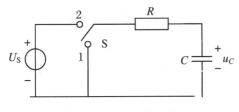

图 1-32　RC 一阶电路

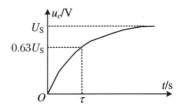

图 1-33　零状态响应变化曲线

2. RC 一阶电路的零输入响应

在图 1-32 中，开关 S 在"2"的位置电路稳定后，再合向"1"的位置时，电容 C 通过 R 放电，$u_C(t)$ 称为零输入响应，即

$$u_C = U_S e^{-\frac{t}{\tau}}$$

变化曲线如图 1-34 所示，u_C 下降到 $0.368\,U_S$ 所需要的时间称为时间常数 τ，$\tau = RC$。

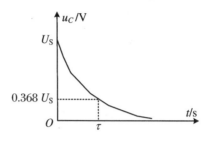

图 1-34　零输入响应变化曲线

3. 测量 RC 一阶电路时间常数 τ

图 1-32 电路的上述暂态过程很难观察，为了用普通示波器观察电路的暂态过程，需采用图 1-35 所示的周期性方波 u_S 作为电路的激励信号，方波信号的周期为 T，只要满足 $\frac{T}{2} \geqslant 5\tau$，便可在示波器的荧光屏上形成稳定的响应波形。

电阻 R、电容 C 串联与方波发生器的输出端连接，用双踪示波器观察电容电压 u_C，便可观察到稳定的指数曲线，如图 1-36 所示。在荧光屏上测得电容电压最大值 $U_{Cm} = a\,(\text{cm})$，取 $b = 0.632a\,(\text{cm})$，与指数曲线的交点对应为时间 t 轴的 x 点，则根据时间 t 轴比例尺可计算扫描时间 $\frac{t}{\text{cm}}$，该电路的时间常数 $\tau = x\,(\text{cm}) \times \frac{t}{\text{cm}}$。也可用数字示波器的光标功能测量计算。

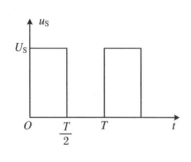

图 1-35　方波

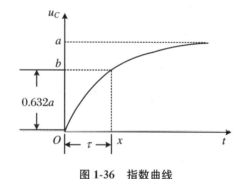

图 1-36　指数曲线

4. 微分电路和积分电路

方波信号 u_S 作用在电阻 R、电容 C 串联电路中，当满足电路时间常数 τ 远远小于方波周期 T 的条件时，电阻两端（输出）的电压 u_R 与方波输入信号 u_S 呈微分关系，$u_R \approx RC \cdot \frac{\mathrm{d}u_S}{\mathrm{d}t}$，该电路称为微分电路。当电路时间常数 τ 远远大于方波周期 T 时，电容 C 两端（输出）的电压 u_C 与方波输入信号 u_S 呈积分关系，$u_C \approx \frac{1}{RC} \int u_S \mathrm{d}t$，该电路称为积分电路。

微分电路和积分电路的输出、输入关系如图 1-37(a)、(b)所示。

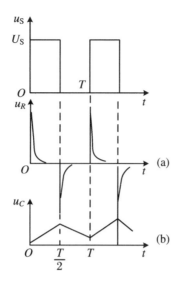

图 1-37　微分电路和积分电路的输出、输入关系

四、任务注意事项

(1) 调节电子仪器各旋钮时,动作不要过快、过猛。实验前,需熟读双踪示波器的使用说明书。

(2) 信号源的接地端与示波器的接地端要连在一起(称共地),以防外界干扰而影响测量的准确性。

五、任务实施步骤

实验电路如图 1-38 所示,图中电阻 R、电容 C 从 MEEL-03 组件上选取(请看懂线路板的走线,认清激励与响应端口所在的位置;认清 R、C 元件的布局及其标称值),用双踪示波器观察电路激励(方波)信号和响应信号。u_S 为方波信号,频率为 1 kHz,峰 - 峰值 $V_{PP}=2$ V。

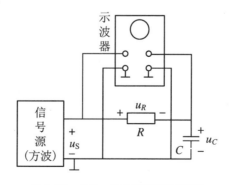

图 1-38　RC 一阶电路测试系统图

1. RC 一阶电路的充、放电过程

(1) 测量时间常数 τ：令 $R = 10\ \text{k}\Omega$，$C = 0.01\ \mu\text{F}$，用示波器观察激励 u_S 与响应 u_C 的变化规律，测量并记录时间常数 τ。

(2) 观察时间常数 τ（即电路参数 R、C）对暂态过程的影响：令 $R = 10\ \text{k}\Omega$，$C = 0.01\ \mu\text{F}$，观察并描绘响应的波形，继续增大 C（取 $0.01 \sim 0.1\ \mu\text{F}$）或增大 R（取 $10\ \text{k}\Omega$、$30\ \text{k}\Omega$），定性地观察其对响应的影响。

2. 微分电路和积分电路

(1) 积分电路：令 $R = 100\ \text{k}\Omega$，$C = 0.01\ \mu\text{F}$，用示波器观察激励 u_S 与响应 u_C 的变化规律。

(2) 微分电路：将实验电路中的 R、C 元件位置互换，令 $R = 100\ \Omega$，$C = 0.01\ \mu\text{F}$，用示波器观察激励 u_S 与响应 u_R 的变化规律。

五、任务总结

(1) 根据任务实施步骤 1(1) 的观测结果，绘出 RC 一阶电路充、放电时 u_C 与激励信号对应的变化曲线，由曲线测得 τ 值，并与参数值的理论计算结果作比较，分析误差原因。

(2) 根据任务实施步骤 2 的观测结果，绘出积分电路、微分电路的输出信号与输入信号对应的波形。

注：测量过程中，若将波形存储，用 U 盘导出，会更便于分析，得出准确数据。

任务 2　RLC 串联谐振电路的研究

一、任务实施目的

(1) 加深理解电路发生串联谐振的条件、特点，掌握电路品质因数（电路 Q 值）、通频带的物理意义及其测定方法。

(2) 学习用实验方法绘制 RLC 串联电路不同 Q 值下的幅频特性曲线。

(3) 熟练使用信号源、频率计和交流毫伏表。

二、任务实施器材

(1) 信号源（含频率计）。

(2) 交流毫伏表。

三、任务原理分析

在图 1-39 所示的 RLC 串联电路中，电路复阻抗 $Z = R + \text{j}\left(\omega L - \dfrac{1}{\omega C}\right)$，当 $\omega L = \dfrac{1}{\omega C}$ 时，

$Z = R$，$\dot{U}$ 与 $\dot{I}$ 同相，电路发生串联谐振，谐振角频率 $\omega_0 = \dfrac{1}{\sqrt{LC}}$，谐振频率 $f_0 = \dfrac{1}{2\pi \sqrt{LC}}$。

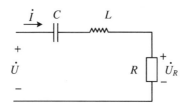

图 1-39　RLC 串联电路

在图 1-39 的电路中，若 $\dot{U}$ 为激励信号，$\dot{U}_R$ 为响应信号，其幅频特性曲线如图 1-40 所示，当 $f = f_0$ 时，$A = 1$，$U_R = U$；当 $f \neq f_0$ 时，$U_R < U$，呈带通特性，$A = 0.707$，即 $U_R = 0.707U$ 所对应的两个频率 f_L 和 f_H 为下限频率和上限频率，$f_H - f_L$ 为通频带。通频带的宽窄与电阻 R 有关，不同电阻值的幅频特性曲线如图 1-41 所示。

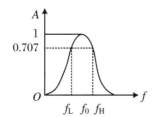

图 1-40　幅频特性曲线

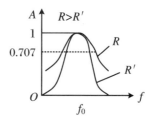

图 1-41　不同电阻值的幅频特性曲线

当电路发生串联谐振时，$U_R = U$，$U_L = U_C = QU$，Q 称为品质因数，与电路的参数 R、L、C 有关。Q 值越大，幅频特性曲线越尖锐、通频带越窄、电路的选择性越好。在恒压源供电时，电路的品质因数、选择性与通频带只决定于电路本身的参数，而与信号源无关。在本实验中，用交流毫伏表测量不同频率下的电压 U、U_R、U_L、U_C，绘制 RLC 串联电路的幅频特性曲线，并根据 $\Delta f = f_H - f_L$ 计算出通频带，根据 $Q = \dfrac{U_L}{U} = \dfrac{U_C}{U}$ 或 $Q = \dfrac{f_0}{f_H - f_L}$ 计算出品质因数。

四、任务注意事项

信号源的接地端与示波器的接地端要连在一起（称共地），以防外界干扰而影响测量的准确性。

五、任务实施步骤

按图 1-42 组成监视、测量电路。将信号源输出调至有效值 1 V，并保持不变。图中 $L = 9\ \mathrm{mH}$，$R = 51\ \Omega$，$C = 0.033\ \mu\mathrm{F}$。

1. 测量 *RLC* 串联电路谐振频率

调节信号源正弦波输出电压频率，由小逐渐变大，并用交流毫伏表测量电阻 R 两端电

压 U_R，当 U_R 的读数为最大时，读得频率计上的频率值即为电路的谐振频率 f_0，并测量此时的 U_C 与 U_L 值(注意及时更换毫伏表的量限)，将测量数据记入自拟的数据表格中。

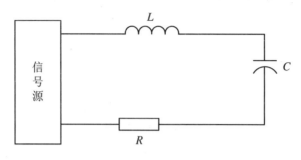

图 1-42　测试系统图

2．测量 *RLC* 串联电路的幅频特性

在上述实验电路的谐振点两侧，调节信号源正弦波输出频率，按频率递增或递减 500 Hz 或 1 kHz，依次各取 7 个测量点，逐点测出 U_R、U_L 和 U_C 值，记入表 1-28 中。

表 1-28　幅频特性实验数据一

f(kHz)													
U_R(V)													
U_L(V)													
U_C(V)													

3．测量 *R* = 100 Ω 的幅频特性数据

在上述实验电路中，改变电阻值，使 *R* = 100 Ω，重复任务实施步骤 1、2 的测量过程，将幅频特性数据记入表 1-29 中。

表 1-29　幅频特性实验数据二

f(kHz)													
U_R(V)													
U_L(V)													
U_C(V)													

六、任务总结

(1) 电路谐振时，比较输出电压 U_R 与输入电压 U 是否相等？ U_L 和 U_C 是否相等？分析原因。

(2) 根据测量数据，绘出不同 Q 值的三条幅频特性曲线。

(3) 计算出通频带与 Q 值，说明不同 R 值时对电路通频带与品质因素的影响。

(4) 试总结串联谐振的特点。

第2篇
模拟电子技术实验与实训

学习情境 5　常用电子测量仪器的使用

一、任务实施目的

（1）学习电子电路实验中常用的电子仪器——示波器、函数信号发生器、直流稳压电源、交流毫伏表、频率计等的主要技术指标及正确使用方法。

（2）初步掌握用双踪示波器观察正弦信号波形和读取波形参数的方法。

二、任务实施器材

（1）函数信号发生器 1 台。

（2）双踪示波器 1 台。

（3）交流毫伏表 1 台。

（4）0.01 μF 电容、10 kΩ 电阻各 1 只。

三、任务原理分析

在模拟电子电路实验中，经常使用的电子仪器有示波器、函数信号发生器、直流稳压电源、交流毫伏表及频率计等。它们和万用电表一起，可以完成对模拟电子电路的静态和动态测试。

实验中要对各种电子仪器进行综合使用，可按照信号流向，以连线简捷、调节顺手、观察与读数方便等为原则进行合理布局，各仪器与被测实验装置之间的布局与连接如图 2-1 所示。接线时应注意，为防止外界干扰，各仪器的公共接地端应连接在一起，称共地。信号源和交流毫伏表的引线通常用屏蔽线或专用电缆线，示波器接线使用专用电缆线，直流电源的接线用普通导线。

1. 示波器

示波器是一种用途很广的电子测量仪器，它既能直接显示电信号的波形，又能对电信号进行各种参数的测量。具体使用方法请扫码观看视频。

模拟示波器的使用

数字示波器的面板介绍

用数字示波器测量波形参数

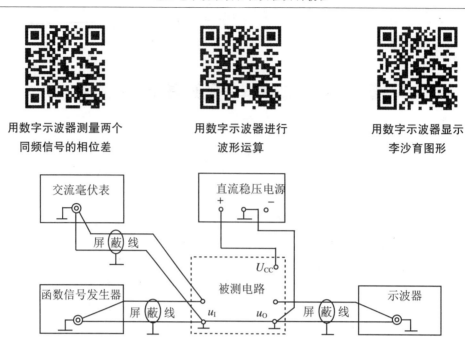

用数字示波器测量两个　　　用数字示波器进行　　　用数字示波器显示
同频信号的相位差　　　　　　波形运算　　　　　　　李沙育图形

图 2-1　模拟电子电路中常用电子仪器布局图

2．函数/任意波形发生器

函数信号发生器实际上是一种多波形信号源,可以输出正弦波、方波、三角波等,由于其输出波形均为数学函数,故称其为函数信号发生器。随着电子技术的发展,当前信号发生器一般内置上百种波形,并且可编辑任何波形,同时还具有调频、调幅等多种调制功能和压控频率(VCF)特性,因此被称为任意波形发生器。函数/任意波形发生器被广泛应用于生产测试、仪器维修和实验室等工作中,是一种不可缺少的通用信号发生器。具体使用方法请扫码观看视频。

信号发生器的使用

3．交流毫伏表

交流毫伏表只能在其工作频率范围之内,用来测量信号的有效值。为了防止过载而损坏,测量前一般先把量程开关置于较大的位置上,然后在测量中逐挡减小量程,直至合适。测量结束后将量程置于最大位置。

四、任务实施步骤

1．用示波器和交流毫伏表测量信号参数

调节函数信号发生器,使输出频率分别为 100 Hz、1 kHz、10 kHz、100 kHz,有效值均为 1 V(交流毫伏表测量值)的正弦波信号。

改变示波器"扫描速度"开关、"Y 轴灵敏度"开关、触发电平等位置,使示波器屏幕上显示稳定、便于观察的波形。测量信号源相关参数,记入表 2-1 中。

表 2-1　不同频率的示波器测量值

信号频率	示波器测量值			
	周期(ms)	频率(Hz)	峰峰值(V)	有效值(V)
100 Hz				
1 kHz				
10 kHz				
100 kHz				

2. 用双踪显示测量两波形间相位差

(1) 按图 2-2 连接实验电路,将函数信号发生器的输出电压调至频率为 1 kHz、幅值为 2 V 的正弦波,经 RC 移相网络获得频率相同但相位不同的两路信号 u_i 和 u_R,分别加到双踪示波器的 Y_1 和 Y_2 输入端。

(2) 将 Y_1 和 Y_2 输入耦合方式开关置"⊥"挡位,调节 Y_1、Y_2 的移位旋钮,使两条扫描基线重合。

(3) 将 Y_1、Y_2 输入耦合方式开关置"AC"挡位,调节触发电平、扫速开关及 Y_1、Y_2 灵敏度开关位置,

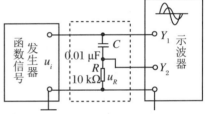

图 2-2　两波形间相位差测量电路

使在荧屏上显示出易于观察的两个相位不同的正弦波形 u_i 及 u_R,如图 2-3 所示。根据两波形在水平方向差距 X,及信号周期 X_T,则可求得两波形相位差(数字示波器可用光标功能),即

$$\theta = \frac{X(\text{div})}{X_T(\text{div})} \times 360°$$

式中:X_T——一周期所占格数(数字示波器周期为 T);X——两波形在 X 轴方向差距格数(数字示波器相位差所对应时间为 t)。

记录两波形相位差于表 2-2 中。

表 2-2　两波形相位点测量数据

一周期格数	两波形相位差对应格数	相位差	
		实测值	计算值
$X_T =$	$X =$	$\theta =$	$\theta =$

为读数和计算方便,可适当调节扫速开关及微调旋钮,使波形一周期占整数格。

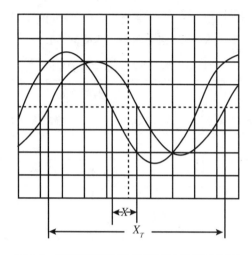

图 2-3　双踪示波器显示两相位不同的正弦波

五、任务总结

（1）整理实验数据，并进行分析。

（2）问题讨论：

① 如何操纵示波器有关旋钮，以便从示波器显示屏上观察到稳定、清晰的波形？

② 示波器具有哪些测量功能，如何测量？

学习情境 6 常用电子元件的特性测试

任务 1 电阻、电感、电容元件测试

一、任务实施目的

掌握电阻、电感、电容元件好坏与参数测量方法。

二、任务实施器材

(1) 万用表 1 台。
(2) 数字电桥 1 台。
(3) 电阻、电感、电容若干。

三、任务原理分析

具有电阻性质的元件称为电阻器,简称电阻,用 R 表示。电阻在电路中是一个耗能元件,消耗的功率 $P = I^2R = U^2/R$。电阻的单位是欧姆(Ω),常用的单位还有千欧(kΩ)和兆欧(MΩ)。电阻在电路中多用来进行限流、分压、分流以及阻抗匹配等,是电路中应用最多的元件。电阻器的主要参数有电阻值、误差、额定功率、温度系数等。

具有电感性质的元件称为电感器,简称电感,用 L 表示。电感在电路中是一个储能元件,存储的磁能量 $E = LI^2/2$。电感的单位是亨利(H),常用的单位还有毫亨(mH)和微亨(μH)。在电路中,电感常与电容一起组成滤波电路、谐振电路等,是电路中应用较多的元件之一。电感的主要参数为电感量、误差、额定电流、温度系数、分布电容和品质因数(若电感损耗电阻为 R,在一定频率的交流电压下工作时,电感所呈现的感抗与损耗电阻 R 之比,称为电感的品质因数,即 $Q = \omega L/R = 2\pi fL/R$)。对于一个实际的电感,它在具备电感的同时,也存在分布电容和损耗电阻。当工作频率较低时,其分布电容的作用可忽略;随着频率的升高,分布电容的作用不能忽略,此时电感的大小将随着频率的上升而略有升高。理想电感在交流电路中的电抗为 $X_L = \omega L$,电感不消耗能量,只与电源进行能量交换,因此流过电感的电流与其两端的电压乘积被称为无功功率。

具有电容性质的元件称为电容器,简称为电容,用 C 表示。电容在电路中是一个储能

元件,存储的电场能量 $E=CU^2/2$。电容的单位是法拉(F),常用的单位还有微法(μF)和皮法(pF)。在电路中,电容多用来滤波、隔直流通交流、旁路交流,常与电感一起组成滤波电路、谐振电路等,是电路中应用较多的元件之一。

电容的主要参数为电容量、误差、额定电压、绝缘电阻和损耗因数(电容损耗功率与存储功率之比,即 $D=1/\omega CR_0=1/2\pi fCR_0$,$D$ 值越小,损耗越小,电容器的质量越好)等。对于一个实际的电容,它在具备电容量的同时,也存在引线电感和介质损耗。当工作频率较低时,其引线电感的作用可忽略,此时电容的测量主要包括电容量和其损耗因数 D 的测量;随着频率的升高,引线电感的作用不能忽略,此时电容的大小将随着频率的上升而略有升高。理想电容在交流电路中的电抗为 $X_C=1/\omega C$,电容不消耗能量,只与电源进行能量交换,因此流过电容的电流与其两端的电压乘积被称为无功功率。

电阻、电感、电容好坏与参数测量方法请扫码观看视频。

万用电桥测量电阻电感电容

模拟万用表测量电容

四、任务实施步骤

(1) 用万用表测量 5.1 Ω、100 Ω、3.3 kΩ、10 kΩ 电阻各一次,将测量结果填入表 2-3。

表 2-3　万用表测量不同电阻的数值

标称值	5.1 Ω	100 Ω	3.3 kΩ	10 kΩ
实测值				

(2) 用模拟万用表测量 0.47 μF、10 μF 电容元件各一次,观察充放电现象。

(3) 用模拟万用表测量实验箱上任意两个电感元件各一次,判断其好坏。

五、任务总结

(1) 总结用万用表测电阻的注意事项。

(2) 总结用万用表判断电感、电容好坏的方法。

任务 2 二极管的特性测试

一、任务实施目的

(1) 掌握用万用表判断二极管管脚极性及质量的方法。

(2) 掌握二极管伏安特性曲线的测试方法及二极管伏安特性。

(3) 熟悉二极管的应用电路：半波整流电路、单相桥式整流电路、限幅电路的工作原理及测试方法。

二、任务实施器材

(1) 实验台或实验箱 1 台。

(2) 万用表 1 只。

(3) 双踪示波器 1 台。

(4) 数字电压表、电流表各 1 块。

(5) 4007 二极管 4 只。

(6) 620 Ω、580 Ω 电阻各 1 个。

(7) 470 Ω 电位器 1 只。

三、任务原理分析

1. 二极管的管脚极性与好坏判断

二极管实质上是一个 PN 结，具有单相导电性。加超过门槛电压的正向电压时，二极管导通，具有很小的电阻，称其为正向电阻。加反向电压时，二极管截止，具有很大的电阻，称其为反向电阻。根据以上原理，可以用模拟万用表的电阻挡测量出二极管的正反向电阻来判断二极管的管脚极性及质量。假设二极管的两管脚一端标 A，另一端标 B，若用万用表黑表笔接 A 端，红表笔接 B 端，或者反过来用黑表笔接 B 端，红表笔接 A 端，两次万用表的读数，一次很大，一次很小，则说明二极管完好，具有单向导电性，而且正向电阻越小，反向电阻越大，二极管质量越好；若一个二极管正反向电阻相差不大，则必为劣质管；若正反向电阻都是零或无穷大，则说明该二极管已损坏。

用模拟万用表测量二极管，在二极管正常的情况下，当测得其电阻很小时，说明二极管两端加了正向电压，二极管处于正向导通状态，这时黑表笔(与内部电源正极相连接)所接的一端为二极管的正极，红表笔(与内部电源负极相连接)所接的一端为二极管的负极。当测得其电阻很大时，说明二极管两端加了反向电压，二极管处于反向截止状态，这时黑表笔所接的一端为二极管的负极，红表笔所接的一端为二极管的正极。具体操作请扫码观看视频。另外，用数字万用表也能方便地判断二极管的管脚极性与好坏，具体操作见视频。

数字万用表测量二极管   模拟万用表测量二极管

2. 二极管伏安特性曲线测试

二极管伏安特性曲线是指二极管两端电压与流过它的电流之间的关系。

实验电路如图 2-4 所示。利用逐点测量法，调节电位器改变输入电压 U_I，从而给二极管加上不同的电压 U_D，测量给二极管加上不同电压时，流过二极管的对应电流，描点绘出二极管的伏安特性曲线。

3. 二极管的应用电路

（1）半波整流电路。

电路如图 2-5 所示，在输入端加标准的正弦波信号，则在输出端可得到正半周波形。

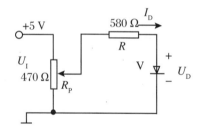

图 2-4　二极管伏安特性曲线的测试

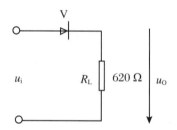

图 2-5　半波整流电路

（2）单向桥式整流电路。

电路如图 2-6 所示，在输入端加上幅度足够大的工频信号，正半周 V_1、V_3 导通，V_2、V_4 截止，负半周正好相反，V_1、V_3 截止，V_2、V_4 导通。在输出端便可得到单向的全波脉动直流电压。

（3）限幅电路。

电路如图 2-7 所示，在输入端加上幅度足够大的标准正弦信号，则在输出端可得到被限幅的输出波形。

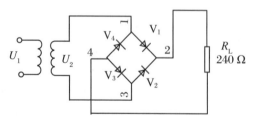

图 2-6　单向桥式整流电路

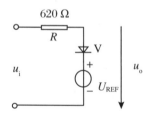

图 2-7　限幅电路

四、任务实施步骤

1．用万用表判断二极管管脚极性及质量

（1）将万用表置于×100 挡，调零。取一二极管，测量其正向电阻和反向电阻，并判断其质量好坏，将结果记录于表 2-4 中。

表 2-4　二极管管脚极性及质量的判断

万用表挡位	正向电阻	反向电阻	质量情况
×100			
×1k			

（2）将万用表置于×1k 挡，调零。测量同一二极管，将其正向电阻、反向电阻、质量情况记录于表 2-4 中。

（3）根据以上测量数据，判断二极管的管脚极性。

（4）说明两次测量的正向电阻不同的原因。

2．二极管伏安特性曲线测试

（1）按图 2-4 连接电路。

（2）调节电位器 R_P，测量二极管两端电压 U_D 为表 2-5 中数值时，流过二极管的对应电流 I_D，将结果记录于表 2-5 中。

（3）将电源正负极互换，测量二极管两端电压为表 2-6 中数值时，流过二极管的对应电流 I_D，将结果记录于表 2-6 中。

二极管伏安特性
曲线测试

（4）根据表 2-5、表 2-6 中测得的数据，描绘出二极管的伏安特性曲线。

表 2-5　二极管的正向伏安特性曲线的测量数据

$U_D(V)$	0.00	0.10	0.20	0.30	0.40	0.45	0.50	0.55	0.60	0.65	0.68
$I_D(mA)$											

表 2-6　二极管的反向伏安特性曲线的测量数据

$U_D(V)$	−1.00	−2.00	−3.00	−4.00	−5.00
$I_D(mA)$					

3．二极管基本应用电路测试

（1）半波整流电路。

① 按图 2-5 连接电路，在输入端分别输入频率为 500 Hz、幅值为 3 V 和频率为 20 kHz、幅值为 3 V 的正弦波信号，用双踪示波器同时观察输入输出波形，并将其描绘下来，填入表 2-7 中，并简要说明其原理。

② 说明两种半波波形不同的原因。

半波整流电路测试

表 2-7　半波整流电路的测试

输入信号	输入波形	输出波形	原理
$f = 500$ Hz $U_1 = 3$ V			
$f = 20$ kHz $U_1 = 3$ V			

（2）单向桥式整流电路。

① 按图 2-6 连接电路,或用整流桥堆来代替 4 个二极管连接电路。

② 在输入端加入有效值为 9 V 的工频信号,用双踪示波器同时观察输入、输出波形,用直流电压表测量输出信号的平均值,把波形和电压记入表 2-8 中。

③ 给负载并联 100 μF 电容器,观察滤波后输出波形,并测量其电压大小,把波形和电压记入表 2-8 中。

表 2-8　单向桥式整流电路的测试

输入信号	输入波形	输出波形和电压 （整流后）	输出波形和电压 （滤波后）
$f = 50$ Hz $U_1 = 9$ V			

（3）限幅电路。按图 2-7 连接电路。取 $U_{REF} = 3$ V,在输入端分别输入频率为 1000 Hz、幅值为 3 V 和 5 V 的标准正弦波信号,用双踪示波器同时观察输入、输出波形,将其描绘下来,简要说明其原理,并将结果记入表 2-9 中。

表 2-9　限幅电路的测试

输入信号	输入波形	输出波形	原理
$f = 1000$ Hz $U_1 = 3$ V			
$f = 1000$ Hz $U_1 = 5$ V			

五、任务总结

（1）说明用模拟万用表不同挡位测量同一二极管正向电阻不同的原因。

（2）说明半波整流电路中输入 $f = 20$ kHz 信号时得到的输出波形不同于输入 $f = 500$ Hz 信号得到输出波形的原因。

任务 3　三极管的特性测试

一、任务实施目的

（1）掌握用万用表判断三极管类型与管脚的方法。

（2）掌握测量三极管性能参数的方法。

（3）学会选用三极管。

二、任务实施器材

（1）模拟万用表 1 只。

（2）数字万用表 1 只。

（3）各种型号的三极管 4 只。

三、任务原理分析

三极管实质上是两个 PN 结，为便于理解，将 NPN 和 PNP 管分别等效为图 2-8(a)、(b) 所示电路。

1. 三极管基极与类型的判断

从 2-8(a)、(b) 两图中可以看到，集电极 c 与发射极 e 之间是两个背对背的 PN 结（反向串联），因此，在三极管完好的情况下，用万用表 ×1 k 挡测量其间电阻时，不管红黑表笔怎么接，其间电阻都很大，而基极 b 与发射极 e 之间、基极 b 与集电极 c 之间都为一个 PN 结，在三极管完好的情况下，用万用表测量其间电阻时，必有一次大（反向电阻），一次小（正向电阻）。根据这种情况，我们可以总结出测量方法。

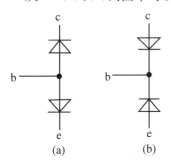

图 2-8　三极管等效电路

在三极管三个极中，任选两极测量其间电阻，会有三种组合，在三极管完好的情况下，即是：

（1）两极间电阻很大，对调红黑表笔，电阻仍然很大。

（2）两极间电阻很大，对调红黑表笔，电阻很小。

（3）两极间电阻很小，对调红黑表笔，电阻很大。

根据上面的分析可知，在第一种组合中选用的两极必是 c、e，另外一极必是基极 b；然后把黑表笔放在基极上，若万用表测量得电阻很大，则说明基极是 PN 结的 N 端，三极管为 PNP 型；若测得电阻很小，则说明基极是 PN 结的 P 端，三极管为 NPN 型。若结果不是上面三种组合，则说明三极管已损坏。

2．集电极的判断

对于 NPN 型管，当基极判断出来之后，在剩下的两只管脚中任选一只，假定为集电极。

在假定的 c 与 b 之间串联一 100 kΩ 的电阻（为方便起见，用人体电阻代替，即用两手指分别捏住基极与假定的集电极），万用表置于×1 k 挡，将黑表笔放在假定的 c 上，红表笔放在假定的 e 上。若万用表的指针偏转较大，则说明假设正确，黑表笔所接就是集电极；否则，假定错误。对于 PNP 型三极管，测量时则将万用表的红表笔放在假定的 c 上，黑表笔放在假定的 e 上，其他方法与结果判断都与 NPN 型管一样。

两种管子测量方法如图 2-9、图 2-10 所示。集电极判断出来之后，剩下的就是发射极了。

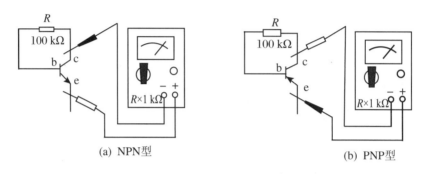

(a) NPN型　　　　　　　　　　　　　　　　(b) PNP型

图 2-9　三极管集电极的判断

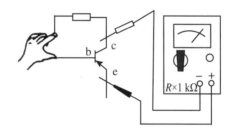

图 2-10　PNP 型三极管集电极简易判断

3．电流放大倍数的测量

如果所使用的万用表上设有测量晶体三极管的插孔，只要把万用表置于 h_{FE} 挡并进行校正后，就能很方便的测出三极管的电流放大倍数 β，并能判断出管子的管脚与类型。

4．电流与热稳定的测量

三极管的极间反向电流有 I_{CBO} 和 I_{CEO}，它们都是衡量三极管温度稳定性的重要指标。I_{CBO} 为发射极开路，在 c、b 间加上一正电压时，流过集电极的反向电流很小。小功率锗管为几到几十微安级，硅管小于 1 μA，不便测量。I_{CEO}（穿透电流）为基极开路，c、e 间加上一反向电压时，流过集电极的电流为 I_{CBO} 的 $1+\beta$ 倍，相对较大，容易测量。因此，常用来衡量三极管的性能。I_{CEO} 随温度升高而增大，因此，它的大小反映了三极管的热稳定性，其值越小，三极管越稳定。

I_{CEO} 的热稳定性也可以用万用表来定性测量。测量时，将万用表置于×1 k 挡，对于 NPN 型三极管，基极悬空，将黑表笔与集电极相连，红表笔与发射极相连，测得 c、e 间电阻越大，I_{CEO} 就越小，管子的性能就越好。在测量 I_{CEO} 同时，用手捏住三极管的管帽，受人体温度的影响，I_{CEO} 很快发生变化，若万用表指针变化不大，则该管的稳定性好；若指针迅速右偏,则该管的热稳定性较差。对于 PNP 型管,测量时只需将万用表的表笔放置与 NPN 型三极管的表笔放置相反即可。

四、任务实施步骤

1. 三极管的管脚与类型判断

(1) 基极与类型的判断。取不同型号的三极管,按照前面所述方法判断其基极与类型。

(2) 集电极与发射极的判断。按照前面所述方法判断三极管的集电极与发射极。

2. 三极管性能的检测

取不同型号的 4 只三极管,按照原理中所述方法,分别测量其 c、e 间电阻及热稳定性,并进行比较,将结果填入表 2-10 中。用万用表的 h_{FE} 挡测量出各管的电流放大倍数 β 值,填入表 2-10 中。

表 2-10　三极管性能的检测数据

被测三极管编号	c、e 间电阻	热稳定性比较	电流放大倍数 β
A			
B			
C			
D			

五、任务总结

简述使用万用表判断三极管类型与管脚极性的方法,并通过网络获取三极管文档资料,进而获取三极管的封装、引脚分布、类型及其参数。

学习情境 7　放大电路测试

任务 1　晶体管共射极单管放大器

一、任务实施目的

（1）学会放大器静态工作点的调试方法，分析静态工作点对放大器性能的影响。

（2）掌握放大器电压放大倍数、输入电阻、输出电阻及最大不失真输出电压的测试方法。

二、任务实施器材

（1）+12 V 直流电源。

（2）函数信号发生器。

（3）双踪示波器。

（4）交流毫伏表。

（5）直流电压表。

（6）直流毫安表。

（7）频率计。

（8）万用电表。

（9）晶体三极管 3DG6×1（$\beta=50\sim100$）或 9011×1。

（10）电阻器、电容器若干。

三、任务原理分析

图 2-11 为电阻分压式工作点稳定单管放大器实验电路图。它的偏置电路采用 R_{B1} 和 R_{B2} 组成的分压电路，并在发射极中接有电阻 R_E，以稳定放大器的静态工作点。当在放大器的输入端加入输入信号 u_i 后，在放大器的输出端便可得到一个与 u_i 相位相反，幅值被放大了的输出信号 u_o，从而实现了电压放大。

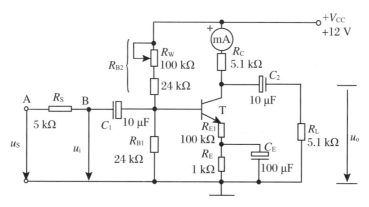

图 2-11　共射极单管放大器实验电路

在图 2-11 的电路中,当流过偏置电阻 R_{B1} 和 R_{B2} 的电流远大于晶体管 T 的基极电流 I_B 时(一般为 5~10 倍),它的静态工作点可用下式估算:

$$V_B \approx \frac{R_{B1}}{R_{B1} + R_{B2}} V_{CC}; \qquad I_E \approx \frac{V_B - U_{BE}}{U_{BE} + R_E} \approx I_C; \qquad U_{CE} = V_{CC} - I_C(R_C + R_E + R_{E1})$$

电压放大倍数:

$$A_u = -\beta \frac{R_C // R_L}{r_{be} + (1 + \beta) R_{E1}}$$

输入电阻:$R_I = R_{B1} // R_{B2} // [r_{be} + (1 + \beta) R_{E1}]$;输出电阻:$R_o \approx R_C$。

一个优质放大器,必定是理论设计与实验调整相结合的产物。因此,除了学习放大器的理论知识和设计方法外,还必须掌握必要的测量和调试技术。

放大器的测量和调试一般包括:放大器静态工作点的测量与调试,消除干扰与自激振荡及放大器各项动态参数的测量与调试等。

1. 放大器静态工作点的测量与调试

(1) 静态工作点的测量。测量放大器的静态工作点,应在输入信号 $u_i = 0$ 的情况下进行,即将放大器输入端与地端短接,然后选用量程合适的直流毫安表和直流电压表,分别测量晶体管的集电极电流 I_C 以及各电极对地电位 V_B、V_C 和 V_E。一般实验中,为了避免断开集电极,常采用通过电位 V_C 或 V_E 计算 I_C 的方法。即 $I_C \approx I_E = \dfrac{V_E}{R_E + R_{E1}}$ 或 $I_C = \dfrac{V_{CC} - V_C}{R_C}$。同时也可计算出:$U_{BE} = V_B - V_E$,$U_{CE} = V_C - V_E$。

为了减小误差,提高测量精度,应选用内阻较高的直流电压表。

(2) 静态工作点的调试。放大器静态工作点的调试是指对管子集电极电流 I_C(或 U_{CE})的调整与测试。

静态工作点是否合适,对放大器的性能和输出波形都有很大影响。若工作点偏高,则放大器在加入交流信号以后易产生饱和失真,此时 u_o 的负半周将被削底,如图 2-12(a)所示;若工作点偏低,则易产生截止失真,即 u_o 的正半周被缩顶(一般截止失真不如饱和失真明显),如图 2-12(b)所示。这些情况都不符合不失真放大的要求,因此在选定工作点以后还必须进行动态调试,即在放大器的输入端加入一定的输入电压 u_i,检查输出电压 u_o 的大小和波形是否满足要求。若不满足,则应调节静态工作点的位置。

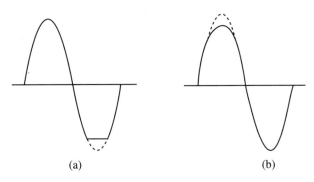

(a)　　　　　　　　　　　　(b)

图 2-12　静态工作点对 u_o 波形失真的影响

改变电路参数 U_{CC}、R_C、R_B（R_{B1}、R_{B2}）都会引起静态工作点的变化,如图 2-13 所示。但通常多采用调节偏置电阻 R_{B2} 的方法来改变静态工作点,如减小 R_{B2} 可使静态工作点提高等。

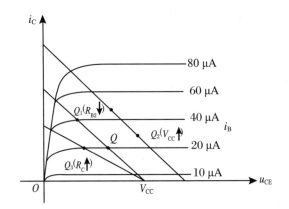

图 2-13　电路参数对静态工作点的影响

但要说明的是,上面所说的工作点"偏高"或"偏低"不是绝对的,应该是相对信号的幅度而言,如输入信号幅度很小,即使工作点较高或较低也不一定会出现失真。确切地说,产生波形失真是信号幅度与静态工作点设置配合不当所致。比如,若静态工作点合适,而信号幅度太大,会产生上下都被削平的大信号失真。

2. 放大器动态指标测试

放大器动态指标包括电压放大倍数、输入电阻、输出电阻、最大不失真输出电压(动态范围)和通频带等。

(1)电压放大倍数 A_u 的测量。调整放大器到合适的静态工作点,然后加入输入电压 u_i,在输出电压 u_o 不失真的情况下,用交流毫伏表测出 u_i 和 u_o 的有效值 U_i 和 U_o,则

$$A_u = \frac{U_o}{U_i}$$

(2)输入电阻 R_i 的测量。为了测量放大器的输入电阻,按图 2-14 电路在被测放大器的输入端与信号源之间串入一已知电阻 R_S,在放大器正常工作的情况下,用交流毫伏表测出 U_S 和 U_i,则根据输入电阻的定义可得

$$R_i = \frac{U_i}{I_i} = \frac{U_i}{\dfrac{U_R}{R}} = \frac{U_i}{U_S - U_i}R_S$$

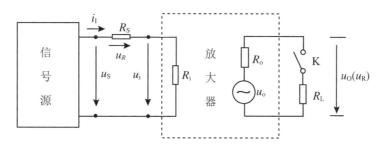

图 2-14　输入、输出电阻测量电路

测量时应注意下列几点：

① 因为电阻 R_S 两端没有电路公共接地点，所以测量 R_S 两端电压 U_R 时必须分别测出 U_S 和 U_i，然后按 $U_R = U_S - U_I$ 求出 U_R 值。

② 电阻 R_S 的值不宜取得过大或过小，以免产生较大的测量误差，通常取 R 与 R_I 为同一数量级为好，本实验可取 $R = 1 \sim 2\ \mathrm{k\Omega}$。

（3）输出电阻 R_o 的测量。

按图 2-14 电路，在放大器正常工作条件下，测出输出端不接负载 R_L 的输出电压 U_o 和接入负载后的输出电压 U_L，根据

$$U_L = \frac{R_L}{R_o + R_L} U_o$$

即可求出

$$R_o = \left(\frac{U_o}{U_L} - 1 \right) R_L$$

在测试中应注意，必须保持 R_L 接入前后输入信号的大小不变。

（4）最大不失真输出电压 U_{OPP} 的测量（最大动态范围）。如上所述，为了得到最大动态范围，应将静态工作点调在交流负载线的中点。为此在放大器正常工作情况下，逐步增大输入信号的幅度，并同时调节 R_W（改变静态工作点），用示波器观察输出波形，当输出波形同时出现削底和缩顶现象（如图 2-15 时），说明静态工作点已调在交流负载线的中点。然后反复调整输入信号，使波形输出幅度最大，且无明显失真时，用交流毫伏表测出 U_o（有效值），则动态范围等于 $2\sqrt{2} U_o$，或用示波器直接读出 U_{OPP} 来。

（5）放大器幅频特性的测量。放大器的幅频特性是指放大器的电压放大倍数 A_u 与输入信号频率 f 之间的关系曲线。单管阻容耦合放大电路的幅频特性曲线如图 2-16 所示，A_{um} 为中频电压放大倍数，通常规定电压放大倍数随频率变化下降到中频放大倍数的 $1/\sqrt{2}$，即 $0.707 A_{um}$ 所对应的频率分别称为下限频率 f_L 和上限频率 f_H，则通频带 $f_{BW} = f_H - f_L$。

放大器的幅率特性就是测量不同频率信号时的电压放大倍数 A_u。为此，可采用前述测 A_u 的方法，每改变一个信号频率，测量其相应的电压放大倍数，测量时应注意取点要恰当，在低频段与高频段应多测几点，在中频段可以少测几点。此外，在改变频率时，要保持输入信号的幅度不变，且输出波形不得失真。

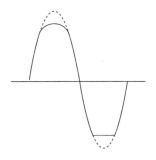

图 2-15　静态工作点正常,输入信号太大引起的失真

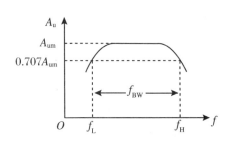

图 2-16　幅频特性曲线

四、任务实施步骤

晶体管共射极单管放大
电路连接与测试(合并)

电路连接

静态工作点测量

静态工作点和信号
幅度对输出波形
的影响测试

实验电路如图 2-11 所示。各电子仪器可按图 2-11 所示方式连接,为防止干扰,各仪器的公共端必须连在一起,接电路接地端。

1. 调试静态工作点

(1)在集电极端接入直流毫安表,接通 + 12 V 电源、调节 R_W,使 $I_C = 1.05$ mA,用直流电压表测量 V_B、V_E、V_C 填入表 2-11。

(2)根据以上各值判断三极管的工作状态。

表 2-11　静态工作点的调试

测　量　值			计　算　值		
V_B(V)	V_E(V)	V_C(V)	U_{BE}(V)	U_{CE}(V)	I_C(mA)

2. 观察静态工作点对放大电路的影响

(1)在放大电路输入端加入频率为 1 kHz,幅值为 10 mV 的正弦交流信号,逐渐增大信号幅值、调节静态工作点,同时用示波器观察放大电路输出信号波形,得到最大不失真输出波形。

(2)增大或减小 R_W 的值,从而改变静态工作点,用示波器观察失真的 u_o 波形,填入表 2-12 中,解释出现相应波形的原因,并指出解决办法。

表 2-12　静态工作点对放大电路的影响

R_W 的值	u_o 波形	失真情况	管子工作状态	原因与解决办法
合适值	u_o ⟍ t			
增大	u_o ⟍ t			
减小	u_o ⟍ t			

电压放大倍数测量

输出电阻测量

输入电阻测量

3. 动态性能的测试

在放大电路的输入端加入频率为 1 kHz,幅值很小的正弦交流信号,同时用示波器观察放大电路输出信号 u_o 波形。逐渐增大信号幅值并调节静态工作点得到最大不失真波形。测量以下动态参数,并与理论计算值比较。

（1）放大倍数的测量。用交流毫伏表测量输入电压、输出电压的有效值,计算放大倍数,填入表 2-13 中。

（2）最大不失真输出电压 U_{OPP} 的测量。用示波器测出 U_{OPP},将结果填入表 2-13 中。

（3）输出电阻的测量。接入 5.1 kΩ 负载电阻,用交流毫伏表测出负载电压 U_L,计算输出电阻 R_o,填入表 2-13 中。

表 2-13　动态性能的测试

测量值				测量计算值		理论计算值	
U_i(mV)	U_o(V)	U_L	U_{OPP}	A_u	R_o	A_u	R_o

（4）输入电阻的测量。把信号源移至 u_s 端,调节信号幅度与静态工作点,得到最大不失真输出波形,用交流毫伏表测量出信号发生器的输出电压 U_S 和放大电路的输入电压 U_I 的值,并计算出输入电阻 R_I,填入表 2-14 中。

表 2-14　输入电阻的测量

测量值		测量计算值	理论计算值
$U_S(\mathrm{mV})$	$U_I(\mathrm{V})$	R_i	R_i

（5）测量幅频特性曲线。取 $I_C = 1.05\,\mathrm{mA}$，$R_L = 5.1\,\mathrm{k\Omega}$。调节输入信号 u_i 使输出电压 u_o 幅值为 1 V，频率为 1 kHz，然后保持输入信号幅度不变，改变信号源频率 f，找出输出电压 U_o 为 0.707 V 时对应的信号频率，即为下限频率和上限频率，填入表 2-15 中。

表 2-15　幅频特性曲线的测量

被测量	f_L	f_o	f_H
$f(\mathrm{kHz})$			
$A_u = U_o/U_I$			

五、任务总结

（1）列表整理测量结果，并把实测的静态工作点、电压放大倍数、输入电阻、输出电阻之值与理论计算值比较（取一组数据进行比较），分析产生误差原因。

（2）讨论静态工作点变化对放大器输出波形的影响。

（3）分析讨论在调试过程中出现的问题，总结解决问题的方法。

任务 2　射极跟随器

一、任务实施目的

（1）掌握射极跟随器的特性及测试方法。

（2）进一步学习放大器各项参数的测试方法。

二、任务实施器材

（1）＋12 V 直流电源。

（2）函数信号发生器。

（3）双踪示波器。

（4）交流毫伏表。

（5）直流电压表。

（6）频率计。

（7）3DG12×1($\beta=50\sim100$)或 9013×1。

（8）电阻器、电容器若干。

三、任务原理分析

射极跟随器的电路如图 2-17 所示。它是一个电压串联负反馈放大电路,具有输入电阻高、输出电阻低、电压放大倍数小于 1 而接近于 1,输出电压能够在较大范围内跟随输入电压作线性变化以及输入、输出信号同相等特点。射极跟随器的输出取自发射极,故称其为射极输出器。

1. 输入电阻 R_i

$$R_i = R_B // [r_{be} + (1+\beta)(R_E // R_L)]$$

由上式可知射极跟随器的输入电阻 R_i 比共射极单管放大器的输入电阻 $R_i = R_B // r_{be}$ 要高得多,但由于偏置电阻 R_B 的分流作用,输入电阻难以进一步提高。

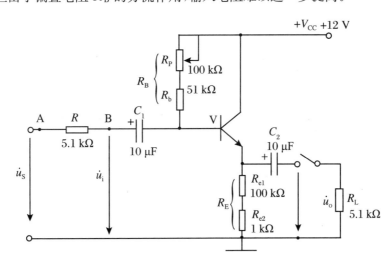

图 2-17　射极跟随器实验电路

输入电阻的测试方法同单管放大器,实验线路如图 2-17 所示。

$$R_i = \frac{U_i}{I_i} = \frac{U_i}{U_S - U_i} R$$

即只要测得 A、B 两点的对地电位即可计算出 R_i。

2. 输出电阻 R_o

若考虑信号源内阻 R_S,则

$$R_o = \frac{r_{be} + (R_S // R_B)}{\beta} // R_E \approx \frac{r_{be} + (R_S // R_B)}{\beta}$$

由上式可知射极跟随器的输出电阻 R_o 比共射极单管放大器的输出电阻 $R_o \approx R_C$ 低得多。三极管的 β 愈高,输出电阻愈小。

输出电阻 R_o 的测试方法亦同单管放大器,即先测出空载输出电压 U_o,再测接入负载 R_L 后的输出电压 U_L,根据

$$R_{\text{o}} = \left(\frac{U_{\text{o}}}{U_{\text{L}}} - 1\right)R_{\text{L}}$$

即可求出 R_{o}。

3．电压放大倍数

$$A_{\text{u}} = \frac{(1+\beta)(R_{\text{E}} /\!/ R_{\text{L}})}{r_{\text{be}} + (1+\beta)(R_{\text{E}} /\!/ R_{\text{L}})} \leqslant 1$$

上式说明射极跟随器的电压放大倍数小于近于1，且为正值。这是深度电压负反馈的结果，但它的射极电流仍比基流大$(1+\beta)$倍，所以具有一定的电流和功率放大作用。

4．电压跟随范围

电压跟随范围是指射极跟随器输出电压跟随输入电压作线性变化的区域。当输入电压超过一定范围时，输出电压便不能跟随输入电压作线性变化，即输出波形产生了失真。为了使输出波形正、负半周对称，并充分利用电压跟随范围，静态工作点应选在交流负载线中点，测量时可直接用示波器读取输出电压的峰峰值，即电压跟随范围；或用交流毫伏表读取输出电压的有效值，则电压跟随范围：

$$U_{\text{OPP}} = 2\sqrt{2}\,U_{\text{o}}$$

四、任务实施步骤

1．静态工作点的调整

接通 $+12\,\text{V}$ 直流电源，在 B 点加入 $f = 1\,\text{kHz}$ 正弦信号 u_{i}，输出端用示波器监视输出波形，反复调整 R_{W} 及信号源幅度，使在示波器的屏幕上得到一个最大不失真输出波形，然后置 $u_{\text{i}} = 0$，用直流电压表测量晶体管各电极对地电位，将测得数据填入表 2-16 中。

表 2-16　静态工作点的测量

$V_{\text{E}}(\text{V})$	$V_{\text{B}}(\text{V})$	$V_{\text{C}}(\text{V})$	$I_{\text{E}}(\text{mA})$

在下面整个测试过程中应保持 R_{W} 值不变（即保持静工作点 I_{E} 不变）。

2．测量电压放大倍数 A_{u}

接入负载 $R_{\text{L}} = 5.1\,\text{k}\Omega$，在 B 点加 $f = 1\,\text{kHz}$ 正弦信号 u_{i}，调节输入信号幅度，用示波器观察输出波形 u_{o}，在输出最大不失真情况下，用交流毫伏表测 U_{i}、U_{o} 值，填入表 2-17 中。

3．测量输出电阻 R_{o}

接上负载 $R_{\text{L}} = 5.1\,\text{k}\Omega$，用交流毫伏表测量负载两端电压 U_{L}，记入表 2-17 中，计算输出电阻。

表 2-17　电压放大倍数及输出电阻的测量

$U_{\text{i}}(\text{V})$	$U_{\text{o}}(\text{V})$	$U_{\text{L}}(\text{V})$	A_{u}	$R_{\text{o}}(\text{k}\Omega)$	U_{OPP}

4．测量输入电阻 R_{i}

在 A 点加 $f = 1\,\text{kHz}$ 的正弦信号 u_{S}，调节信号幅度与静态工作点，用示波器监视输出波形,得到最大不失真输出波形。用交流毫伏表分别测出 A、B 点对地电压 U_s、U_i,计算输入电阻,填入表 2-18 中。

表 2-18　输入电阻的测量

$U_s(V)$	$U_i(V)$	$R_i(k\Omega)$

5.测试跟随特性

接入负载 $R_L = 5.1\,k\Omega$,在 B 点加入 $f = 1\,kHz$ 正弦信号 u_i,逐渐增大信号 u_i 幅度,用示波器监视输出波形直至输出波形达最大不失真,用交流毫伏表测量对应的 U_L 值,则 $U_L = $ _____。

6.测试频率响应特性

用学习情境 7 任务 1 中介绍方法测量射极跟随器的上限频率和下限频率,填入表 2-19 中。

表 2-19　频率响应特性的测试

被测量	f_L	f_o	f_H
$f(kHz)$			
$A_u = U_o/U_i$			

五、任务总结

分析射极跟随器的性能和特点。

任务 3　差动放大器

一、任务实施目的

(1) 加深对差动放大器性能及特点的理解。

(2) 学习差动放大器主要性能指标的测试方法。

二、任务实施器材

(1) ±12 V 直流电源。

(2) 函数信号发生器。

（3）双踪示波器。

（4）交流毫伏表。

（5）直流电压表。

（6）晶体三极管 3DG6×3，要求 T_1、T_2 管特性参数一致（或 9011×3）。

（7）电阻器、电容器若干。

三、任务原理分析

差动放大电路能够放大差模信号而抑制共模信号，因此，差动放大电路可以消除由于温度变化、外界干扰而产生的具有共模特征的信号所引起的输出误差电压。所以，差动放大电路常用于放大电路的前置级。

图 2-18 是差动放大器的基本结构。它由两个元件参数相同的基本共射放大电路组成。当开关 K 拨向左边时，构成典型的差动放大器。调零电位器 R_P 用来调节 T_1、T_2 管的静态工作点，使得输入信号 $U_i = 0$ 时，双端输出电压 $U_o = 0$。R_E 为两管共用的发射极电阻，它对差模信号无负反馈作用，因而不影响差模电压放大倍数，但对共模信号有较强的负反馈作用，故可以有效地抑制零漂，稳定静态工作点。

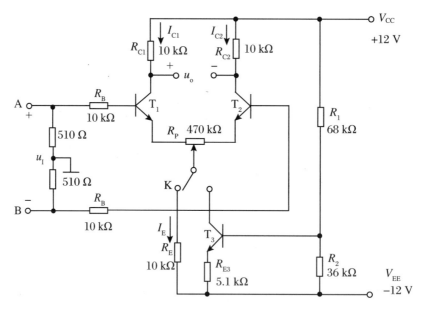

图 2-18　差动放大器实验电路

当开关 K 拨向右边时，构成具有恒流源的差动放大器。它用晶体管恒流源代替发射极电阻 R_E，可以进一步提高差动放大器抑制共模信号的能力。

1. 静态工作点的估算

典型电路：

$$I_E \approx \frac{|V_{EE}| - U_{BE}}{R_E} \quad （认为 U_{B1} = U_{B2} \approx 0、R_P \approx 0）$$

$$I_{C1} = I_{C2} = \frac{1}{2} I_E$$

恒流源电路：

$$I_{C3} \approx I_{E3} \approx \frac{\dfrac{R_2}{R_1 + R_2}(V_{CC} + |V_{EE}|) - U_{BE}}{R_{E3}}$$

$$I_{C1} = I_{C1} = \frac{1}{2} I_{C3}$$

2. 差模电压放大倍数和共模电压放大倍数

（1）差模电压放大倍数。

差模电压放大倍数用来衡量差动放大电路对差模信号的放大能力。当差动放大器的射极电阻 R_E 足够大，或采用恒流源电路时，差模电压放大倍数 A_{ud} 由输出端方式决定，而与输入方式无关。

双端输出：$R_E = \infty$，R_P 在中心位置时，

$$A_{ud} = \frac{U_o}{U_i} = -\frac{\beta R_C}{R_B + r_{be} + \dfrac{1}{2}(1 + \beta) R_P}$$

单端输出：

$$A_{ud1} = \frac{U_{c1}}{U_i} = \frac{1}{2} A_{ud}; \quad A_{ud2} = \frac{U_{c2}}{U_i} = -\frac{1}{2} A_{ud}$$

（2）共模电压放大倍数。

共模电压放大倍数用来衡量差动放大电路对共模信号的抑制能力。根据输出端连接方式的不同，可分为单端共模电压放大倍数 A_{uc1}，A_{uc2} 和双端共模电压放大倍数 A_{uc}。

单端输出：

$$A_{uc1} = A_{uc2} = \frac{U_{c1}}{U_i} = \frac{-\beta R_C}{R_B + r_{be} + (1 + \beta)\left(\dfrac{1}{2} R_P + 2R_E\right)} \approx -\frac{R_C}{2R_E}$$

双端输出：

$$A_{uc} = \frac{U_o}{U_i} = 0 \quad （理想情况下）$$

实际上由于元件不可能完全对称，因此 A_{uc} 也不会绝对等于零。

3. 共模抑制比 K_{CMR}

为了表征差动放大器对有用信号（差模信号）的放大作用和对共模信号的抑制能力，通常用一个综合指标来衡量，即共模抑制比

$$K_{CMR} = \left| \frac{A_{ud}}{A_{uc}} \right| \quad 或 \quad K_{CMR} = 20\log \left| \frac{A_{ud}}{A_{uc}} \right| (dB)$$

差动放大器的输入信号既可采用直流信号，也可采用交流信号。本实验由函数信号发生器提供频率 $f = 1\,kHz$ 的正弦信号作为输入信号。

四、任务实施步骤

1. 典型差动放大器性能测试

按图 2-18 连接实验电路，开关 K 拨向左边构成典型差动放大器。

（1）测量静态工作点。① 调节放大器零点。将放大器输入端 A、B 与地短接，接通 ±12 V

直流电源,用直流电压表测量输出电压 U_o,调节调零电位器 R_P,使 $U_o = 0$。调节要仔细,力求准确。

② 测量静态工作点。零点调好以后,用直流电压表测量 T_1、T_2 管各电极电位及射极电阻 R_E 两端电压 U_{RE},填入表 2-20 中。

表 2-20　差动放大器的静态工作点的测量

测量值	$V_{C1}(V)$	$V_{B1}(V)$	$V_{E1}(V)$	$V_{C2}(V)$	$V_{B2}(V)$	$V_{E2}(V)$	$U_{RE}(V)$
计算值	$I_C(mA)$			$I_B(mA)$		$U_{CE}(V)$	

(2) 测量差模电压放大倍数。在电路的信号输入端接入峰峰值为 100 mV,频率为 1 kHz 的正弦交流信号,同时用示波器监视输出端(集电极 C_1 或 C_2 与地之间)信号,逐渐增大输入信号幅度,在最大不失真的情况下用交流毫伏表分别测量单端输出电压 U_{d1}、U_{d2} 和双端输出电压 U_{od},并计算单端差模电压放大倍数 A_{d1}、A_{d2} 和双端差模电压放大倍数 A_{ud},填入表 2-21 中。用示波器观察两单端输出电压之间及其与输入信号之间的相位关系,填入表2-22 中。

表 2-21　差模和共模电压放大倍数的测量

输入信号　　测量及电路类型计算值		差模输入						共模输入						共模抑制比
		测量值		计算值				测量值			计算值			计算值
		U_{d1}	U_{d2}	A_{od}	A_{ud1}	A_{ud2}	A_{ud}	U_{c1}	U_{c2}	U_{oc}	A_{uc1}	A_{uc2}	A_{uc}	CMRR
$U_i =$ _____ $f = 1\ kHz$	典型电路													
	恒流源电路													
$U_{I1} = +0.1\ V$ $U_{I2} = -0.1\ V$ (差模)	典型电路													
$U_{I1} = U_{I2} =$ $+0.1\ V$ (共模)	恒流源电路													

(3) 测量共模电压放大倍数。

将放大器 A、B 端短接,信号源接 A 端与地之间,构成共模输入方式,输入频率为 1 kHz 峰峰值为 1 V 左右的正弦信号,在输出电压无失真的情况下,用交流毫伏表测量单端输出电压 U_{c1},U_{c2} 和双端输出电压 U_{oc},并计算单端共模电压放大倍数 A_{uc1}、A_{uc2} 和双端共模电压放

大倍数 A_{uc},填入表 2-21 中。用示波器观察两单端输出电压之间及其与输入信号之间的相位关系,填入表 2-22 中。

2. 具有恒流源的差动放大电路性能测试

将图 2-18 电路中开关 K 拨向右边,构成具有恒流源的差动放大电路。重复测量差模电压放大倍数和共模电压放大倍数,填入表 2-21 中,各信号相位关系填入表 2-22 中。

表 2-22　相位关系

测量电路	差模输入			共模输入		
	U_i 与 U_{d1}	U_i 与 U_{d2}	U_{d1} 与 U_{d2}	U_i 与 U_{c1}	U_i 与 U_{c2}	U_{c1} 与 U_{c2}
典型电路						
恒流源电路						

五、任务总结

(1) 整理实验数据,列表比较实验结果和理论估算值,分析误差原因。

(2) 总结差动放大电路的特点。

(3) 根据实验结果,总结电阻 R_E 和恒流源的作用。

任务 4　负反馈放大器

一、任务实施目的

(1) 研究负反馈对放大器各项性能指标的影响。

(2) 掌握负反馈放大电路性能指标的测试方法。

二、任务实施器材

(1) +12V 直流电源。

(2) 函数信号发生器。

(3) 双踪示波器。

(4) 频率计。

(5) 交流毫伏表。

(6) 直流电压表。

(7) 晶体三极管 3DG6×2($\beta = 50 \sim 100$)或 9011×2。

(8) 电阻器、电容器若干。

三、任务原理分析

负反馈在电子电路中有着非常广泛的应用,虽然它使放大器的放大倍数降低,但能在多方面改善放大器的动态指标,如稳定放大倍数、改变输入与输出电阻、减小非线性失真和展宽通频带等。因此,几乎所有的实用放大器都带有负反馈。

负反馈放大器有四种组态,即电压串联、电压并联、电流串联、电流并联。本实验以电压串联负反馈为例,分析负反馈对放大器各项性能指标的影响。

图 2-19 为带有负反馈的两级阻容耦合放大电路,在电路中通过 R_F 把输出电压 u_o 引回到输入端,加在晶体管 T_1 的发射极上,在发射极电阻 R_{F1} 上形成反馈电压 u_F。根据反馈的判断法可知,它属于电压串联负反馈。

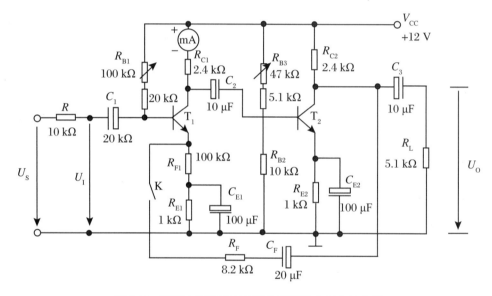

图 2-19 带有电压串联负反馈的两级阻容耦合放大器

本实验还需要测量基本放大器的动态参数,怎样实现无反馈而得到基本放大器呢? 不能简单地断开反馈支路,而是要去掉反馈作用,但又要把反馈网络的影响(负载效应)考虑到基本放大器中去。为此:

(1) 在画基本放大器的输入回路时,因为是电压负反馈,所以可将负反馈放大器的输出端交流短路,即令 $u_o = 0$,此时 R_F 相当于并联在 R_{F1} 上。

(2) 在画基本放大器的输出回路时,由于输入端是串联负反馈,因此需将反馈放大器的输入端(T_1 管的射极)开路,此时($R_F + R_{F1}$)相当于并接在输出端,可近似认为 R_F 并接在输出端。

根据上述规律,就可得到所要求的如图 2-20 所示的基本放大器。

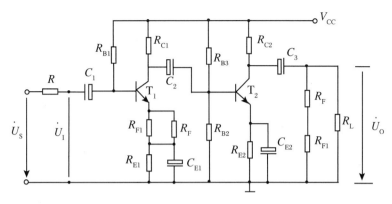

图 2-20　基本放大器

四、任务实施步骤

1. 测量静态工作点

按图 2-19 连接实验电路,取 $V_{CC}=+12\ \mathrm{V}$,$u_i=0$,用直流电压表分别测量第一级、第二级的静态工作点,填入表 2-23 中。(第一级测量 $I_C=2\ \mathrm{mA}$ 时静态工作点。)

表 2-23　负反馈放大器的静态工作点的测量

测量内容	$V_B(\mathrm{V})$	$V_E(\mathrm{V})$	$V_C(\mathrm{V})$	$I_C(\mathrm{mA})$
第一级				
第二级				

2. 测试基本放大器的各项性能指标

将实验电路按图 2-20 改接。

(1) 测量中频电压放大倍数 A_u、输入电阻 R_i 和输出电阻 R_o。① 把 $f=1\ \mathrm{kHz}$,$U_{SP\text{-}P}\approx 10\ \mathrm{mV}$ 正弦信号输入放大器,用示波器监视输出波形,逐渐增大信号幅度,在输出波形最大不失真的情况下,用交流毫伏表测量 U_s、U_i、U_o,计算 A_u、R_i,填入表 2-24 中。

表 2-24　基本放大器与负反馈放大器的性能指标对比(1)

	$U_s(\mathrm{mv})$	$U_i(\mathrm{mv})$	$U_L(\mathrm{V})$	$U_o(\mathrm{V})$	A_u	$R_I(\mathrm{k\Omega})$	$R_o(\mathrm{k\Omega})$
基本放大器							
负反馈放大器							

② 保持 U_s 不变,接入 $5.1\ \mathrm{k\Omega}$ 负载电阻 R_L(注意,R_F 不要断开),测量负载电压 U_L,计算 R_o,记入表 2-24 中。

(2) 测量通频带。接上 R_L,保持(1)中的 U_s 不变,然后增加和减小输入信号的频率,找出上、下限频率 f_H 和 f_L,填入表 2-25 中。

3. 测试负反馈放大器的各项性能指标

将实验电路恢复为图 2-19 的负反馈放大电路。适当加大 U_s,在输出波形最大不失真的条件下,测量负反馈放大器的 A_{uF}、R_i 和 R_o,记入表 2-24 中;测量 f_H 和 f_L,填入表 2-25 中。

表 2-25　基本放大器与负反馈放大器的性能指标对比(2)

	f_L(kHz)	f_H(kHz)	Δf(kHz)
基本放大器			
负反馈放大器			

4. 观察负反馈对非线性失真的改善

(1) 实验电路改接成基本放大器形式,在输入端加入 $f = 1$ kHz 的正弦信号,输出端接示波器,逐渐增大输入信号的幅度,使输出波形开始出现失真,记下此时的波形和输出电压的幅度,填入表 2-26 中。

(2) 再将实验电路改接成负反馈放大器形式,增大输入信号幅度,使输出电压幅度的大小与(1)相同,记下输出波形,填入表 2-26 中,比较有负反馈时,输出波形的变化,分析原因。

表 2-26　负反馈对信号失真的改善作用

无负反馈时输出波形	有负反馈时输出波形	波形改变原因

五、任务总结

根据实验结果,总结电压串联负反馈对放大器性能的影响。

任务 5　集成运算放大器的基本应用 1——基本运算电路

一、任务实施目的

(1) 掌握集成运算放大器的基本特性,熟悉它的使用方法。

(2) 研究由集成运算放大器构成的比例、加法、减法和积分等基本运算电路的组成及特性,熟悉它们的测试方法。

(3) 了解运算放大器在实际应用时应考虑的一些问题。

二、任务实施器材

（1）±12 V 直流电源。
（2）函数信号发生器。
（3）交流毫伏表。
（4）直流电压表。
（5）集成运算放大器 μA741×1。
（6）电阻器、电容器若干。

三、任务原理分析

集成运算放大器是一种具有高电压放大倍数的直接耦合多级放大电路。它有两个输入端、一个输出端。当外部接入不同的线性或非线性元器件组成负反馈电路时，可以灵活地实现各种功能电路。比如比例、加法、减法、积分、微分、对数等基本运算电路，电压比较器、有源滤波器、波形发生器等电路。

本实验采用的集成运算放大器型号为 μA741（或 F007），引脚排列如图 2-21 所示，封装形式为双列直插，②脚和③脚为反相和同相输入端，⑥脚为输出端，⑦脚和④脚为正、负电源端，①脚和⑤脚为失调调零端，①和⑤脚之间可接入一只几十千欧的电位器并将滑动触头接到负电源端进行调零，⑧脚为空脚。

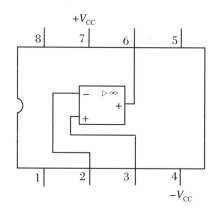

图 2-21　μA741 管脚图

1. 理想运算放大器特性

在大多数情况下，将运算放大器视为理想运算放大器，就是将运算放大器的各项技术指标理想化，满足下列条件的运算放大器称为理想运算放大器：

① 开环电压增益 $A_{ud} = \infty$ 。
② 输入阻抗 $R_i = \infty$ 。
③ 输出阻抗 $R_o = 0$ 。
④ 带宽 $f_{BW} = \infty$ 。
⑤ 失调与漂移均为零等。

理想运算放大器在线性应用时的两个重要特性:

(1) 输出电压 U_o 与输入电压之间满足关系式

$$U_o = A_{ud}(U_+ - U_-)$$

由于 $A_{ud} = \infty$,而 U_o 为有限值,因此,$U_p - U_n \approx 0$,即 $U_p \approx U_n$,称为"虚短"。

(2) 由于 $R_i = \infty$,故流进运算放大器两个输入端的电流可视为零,即 $i_n \approx i_p \approx 0$,称为"虚断"。这说明运算放大器对其前级吸取电流极小。

上述两个特性是分析理想运算放大器应用电路的基本原则,可简化运算放大器电路的计算。

2. 基本运算电路

(1) 反相比例运算电路。电路如图 2-22 所示。对于理想运算放大器,该电路的输出电压与输入电压之间的关系为

$$u_o = -\frac{R_F}{R_1}u_i$$

为了减小输入级偏置电流引起的运算误差,在同相输入端应接入平衡电阻 $R_2 = R_1 // R_F$。

(2) 反相加法运算电路。电路如图 2-23 所示,输出电压与输入电压之间的关系为

$$u_o = -\left(\frac{R_F}{R_1}u_{i1} + \frac{R_F}{R_2}u_{i2}\right)$$

$$R_3 = R_1 // R_2 // R_F$$

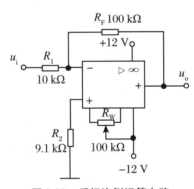

图 2-22 反相比例运算电路

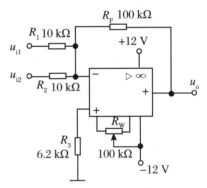

图 2-23 反相加法运算电路

(3) 同相比例运算电路。图 2-24(a) 是同相比例运算电路,它的输出电压与输入电压之间的关系为

$$u_o = \left(1 + \frac{R_F}{R_1}\right)u_i$$

$$R_2 = R_1 // R_F$$

当 $R_1 \rightarrow \infty$ 时,$u_o = u_i$,即得到如图 2-24(b)所示的电压跟随器。图中 $R_2 = R_F$,用以减小漂移和起保护作用。一般 R_F 取 10 kΩ,R_F 太小起不到保护作用,太大则影响跟随性。

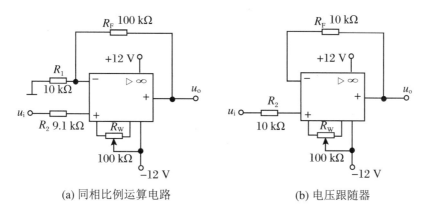

(a) 同相比例运算电路　　　　　　　(b) 电压跟随器

图 2-24　同相比例运算电路

（4）差动放大电路(减法器)。对于图 2-25 所示的减法运算电路,当 $R_1 = R_2$,$R_3 = R_F$ 时,有如下关系式：

$$u_o = \frac{R_F}{R_1}(u_{i2} - u_{i1})$$

（5）积分运算电路。反相积分电路如图 2-26 所示。在理想化条件下,输出电压

$$u_o(t) = -\frac{1}{R_1 C}\int_0^t u_i \mathrm{d}t + u_c(0)$$

式中,$u_c(0)$ 是 $t = 0$ 时刻电容 C 两端的电压值,即初始值。

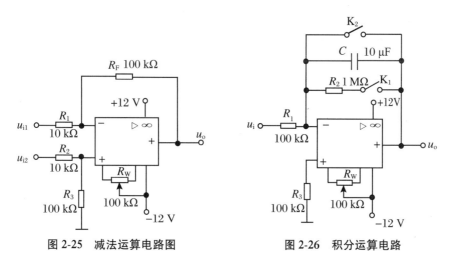

图 2-25　减法运算电路图　　　　**图 2-26　积分运算电路**

如果 $u_i(t)$ 是幅值为 E 的阶跃电压,并设 $u_C(0) = 0$,则

$$u_o(t) = -\frac{1}{R_1 C}\int_0^t E\mathrm{dt} = -\frac{E}{R_1 C}t$$

即输出电压 $u_o(t)$ 随时间增长而线性下降。显然 RC 的数值越大,达到给定的 U_o 值所需的时间就越长。积分输出电压所能达到的最大值受集成运算放大器最大输出范围的限制。

在进行积分运算之前,首先应对运算放大器调零。为了便于调节,将图中 K_1 闭合,即通过电阻 R_2 的负反馈作用帮助实现调零。但在完成调零后,应将 K_1 打开,以免因 R_2 的接入造成积分误差。K_2 的设置一方面为积分电容放电提供通路,同时可实现积分电容初始电压 $u_C(0) = 0$;另一方面可控制积分起始点,即在加入信号 u_i 后,只要 K_2 一打开,电容就将被

恒流充电,电路也就开始进行积分运算。

四、任务实施步骤

实验前要看清运算放大器组件各管脚的位置;切忌正、负电源极性接反和输出端短路,否则将会损坏集成块。

反相比例运算
电路测试

1. 反相比例运算电路

(1) 按图 2-22 连接实验电路,接通 ±12 V 电源,输入端对地短接,进行调零和消振。

(2) 输入 $f = 1$ kHz, $U_{iPP} = 0.5$ V 的正弦交流信号,观察输出波形,调节输入,使输出波形最大不失真。用交流毫伏表测量相应的 U_o、U_i 并用示波器观察 U_o 和 U_i 的相位关系,记入表 2-27 中。

表 2-27　反相比例运算电路的测量

U_i(V)	U_o(V)	u_i 波形	u_o 波形	A_u	
				实测值	计算值

2. 同相比例运算电路

(1) 按图 2-24(a) 连接实验电路。任务实施步骤同 1,填结果记入表 2-28 中。

(2) 将图 2-24(a) 中的 R_1 断开,得图 2-24(b) 电路重复内容(1)。

表 2-28　同相比例运算电路的测量

U_i(V)	U_o(V)	u_i 波形	u_o 波形	A_u	
				实测值	计算值

3. 反相加法运算电路

(1) 按图 2-23 连接实验电路。调零和消振。

(2) 输入信号采用直流信号,图 2-27 所示电路为简易可调直流信号源,由实验者自行完成。实验时要注意选择合适的直流信号幅度以确保集成运算放大器工作在线性区。用直流电压表测量输入电压 U_{I1}、U_{I2} 及输出电压 U_O,填入表 2-29 中。

表 2-29　反相加法运算电路的测量

U_{I1} (V)	0.2	0.4	0.2	0.4	-0.2	-0.4	-0.2	-0.4
U_{I2} (V)	0.3	0.5	-0.3	-0.5	0.3	0.5	-0.3	-0.5
U_O (V)								
理论值 U_O (V)								

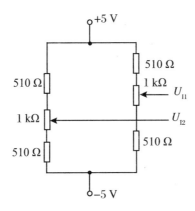

图 2-27　简易可调直流信号源

4．减法运算电路

(1) 按图 2-25 连接实验电路。调零和消振。

(2) 采用直流输入信号,实验步骤同 3,并将数据填入表 2-30 中。

表 2-30　减法运算电路的测量

U_{I1} (V)	0.5	0.3	0.1	0	− 0.1	− 0.3	− 0.5
U_{I2} (V)	− 0.5	− 0.3	− 0.1	0	0.1	0.3	0.5
U_O (V)							
理论值 U_O (V)							

5．积分运算电路

实验电路如图 2-26 所示。

(1) 打开 K_2,闭合 K_1,对运算放大器输出进行调零。

(2) 调零完成后,再打开 K_1,闭合 K_2,使 $u_C(0) = 0$。

(3) 预先调好直流输入电压 $U_1 = 0.5$ V,接入实验电路,再打开 K_2,然后用直流电压表测量输出电压 U_O,观察 U_O 的变化过程及最终值。

五、任务总结

(1) 将理论计算结果和实测数据相比较,分析产生误差的原因。

(2) 分析讨论实验中出现的现象和问题。

任务 6　集成运算放大器的基本应用 2——电压比较器

一、任务实施目的

(1) 掌握电压比较器的电路构成及特点,熟悉它的使用。
(2) 学会测试比较器的方法。

二、任务实施器材

(1) ±12 V 直流电源。
(2) 直流电压表。
(3) 函数信号发生器。
(4) 交流毫伏表。
(5) 双踪示波器。
(6) 运算放大器 μA741×2。
(7) 稳压管 2CW231×1。
(8) 二极管 4148×2。
(9) 电阻器等。

三、任务原理分析

电压比较器是集成运算放大器的一种非线性应用电路,它将一个模拟量电压信号和一个参考电压相比较,在二者幅度相等的附近,输出电压将产生跃变,相应输出高电平或低电平。比较器可以组成非正弦波形变换电路及应用于模拟与数字信号转换等领域。

图 2-28(a)所示为一最简单的电压比较器,U_R 为参考电压,加在运算放大器的同相输入端,输入电压 u_i 加在反相输入端。

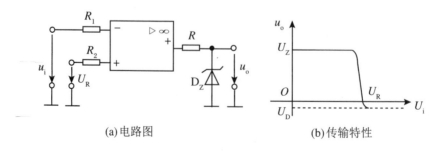

(a)电路图　　　　　　　　　(b)传输特性

图 2-28　电压比较器

当 $u_i < U_R$ 时,运算放大器输出高电平,稳压管 D_Z 反向稳压工作。输出端电位被其箝

位在稳压管的稳定电压 U_Z,即 $u_o = U_Z$。

当 $u_i > U_R$ 时,运算放大器输出低电平,D_Z 正向导通,输出电压等于稳压管的正向压降 U_D,即 $u_o = -U_D$。

因此,以 U_R 为界,当输入电压 u_i 变化时,输出端反映出两种状态,高电平和低电平。

表示输出电压与输入电压之间关系的特性曲线,称为传输特性。图 2-28(b)为图 2-28(a)比较器的传输特性。

常用的电压比较器有过零比较器、滞回比较器(具有滞回特性的过零比较器,又称施密特触发器)、双限比较器(又称窗口比较器)等。

1. 过零比较器

图 2-29(a)所示电路为加限幅电路的过零比较器,D_Z 为限幅稳压管。信号从运算放大器的反相输入端输入,参考电压为零,从同相端输入。当 $U_i > 0$ 时,输出 $U_o = -(U_Z + U_D)$,当 $U_i < 0$ 时,$U_o = +(U_Z + U_D)$。其电压传输特性如图 2-29(b)所示。

过零比较器结构简单,灵敏度高,但抗干扰能力差。

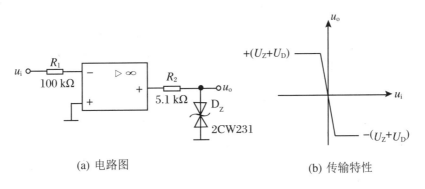

(a) 电路图　　　　　　　　　　　　(b) 传输特性

图 2-29　过零比较器

2. 滞回比较器(施密特触发器)

图 2-30(a)为具有滞回特性的过零比较器。

过零比较器在实际工作时,如果 u_i 恰好在过零值附近,由于零点漂移的存在,u_o 将不断由一个极限值转换到另一个极限值,这在控制系统中,对执行机构将是很不利的。为此,就需要输出特性具有滞回现象。如图 2-30(a)所示,从输出端引一个电阻分压正反馈支路到同相输入端,若 u_o 改变状态,Σ 点电位也随之改变,使过零点离开原来位置。当 u_o 为正(记作 U_+)时,$U_\Sigma = \dfrac{R_2}{R_f + R_2} U_+$,当 $u_i > U_\Sigma$ 后,u_o 即由正变负(记作 U_-),此时 U_Σ 变为 $-U_\Sigma$。故只有当 u_i 下降到 $-U_\Sigma$ 以下,才能使 u_o 再度回升到 U_+,于是出现图 2-30(b)中所示的滞回特性。$-U_\Sigma$ 与 U_Σ 之差称为回差电压。改变 R_2 的数值可以改变回差电压的大小。

3. 窗口(双限)比较器

简单的比较器仅能鉴别输入电压 u_i 比参考电压 U_R 高或低的情况,窗口比较电路是由两个简单比较器组成,如图 2-31(a)所示,它能指示出 u_i 值是否处于 U_R^+ 和 U_R^- 之间。若 $U_R^- < U_i < U_R^+$,则窗口比较器的输出电压 U_o 等于运算放大器的正饱和输出电压($+U_{omax}$);若 $U_i < U_R^-$ 或 $U_i > U_R^+$,则输出电压 U_o 等于运算放大器的负饱和输出电压($-U_{omax}$)。其电压传输特性如图 2-31(b)所示。

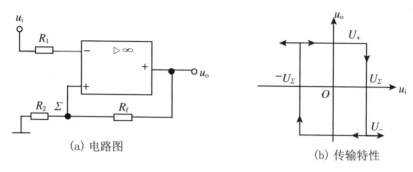

(a) 电路图　　　　　　　　　　　　　(b) 传输特性

图 2-30　滞回比较器

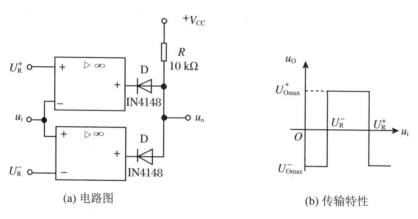

(a) 电路图　　　　　　　　　　　　　(b) 传输特性

图 2-31　由两个简单比较器组成的窗口比较器

四、任务实施步骤

1. 过零比较器

实验电路如图 2-29(a) 所示。

(1) 接通 ±12 V 电源。

(2) 测量 u_i 悬空时的 U_o 值。

(3) 按表 2-31 中给定的各 u_i 值输入直流信号,测量出对应的 U_o 值,填入表 2-31 中,并分析测量结果,根据结果在图 2-32(b) 所示坐标中绘出传输特性曲线。

(4) u_i 输入频率为 1 kHz、幅值为 2 V 的正弦信号,观察并在同一坐标系(图 2-32(a))中记录 u_i 和 u_o 的波形。

表 2-31　过零比较器的测量

U_i	−2 (V)	−40 (mV)	−30 (mV)	−20 (mV)	−10 (mV)	0 (mV)	10 (mV)	20 (mV)	30 (mV)	40 (mV)	2 (V)
U_o											

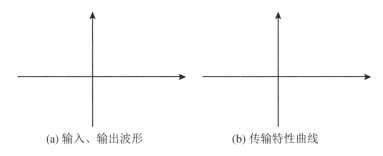

(a) 输入、输出波形　　　　　　(b) 传输特性曲线

图 2-32　过零比较器测试结果

2．反相滞回比较器

实验电路如图 2-33 所示。

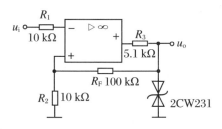

图 2-33　反相滞回比较器

滞回比较器测试

（1）u_i 接 $-5\,V\sim+5\,V$ 可调直流电源，改变 u_i，测出 $+U_{omax}$ 和 $-U_{omax}$，以及 u_o 由 $+U_{omax}$ 跳转至 $-U_{omax}$ 时 u_i 的值（上门限电压）和 u_o 由 $-U_{omax}$ 跳转至 $+U_{omax}$ 时 u_i 的值（下门限电压）。

（2）u_i 改接 $1\,kHz$、峰峰值为 $5\,V$ 的正弦信号，在同一坐标系中观察并记录 u_i 和 u_o 的波形，用数字示波器光标功能测出上、下门限和输出最大值、最小值四个参数，在图 2-34 所示坐标中绘出其电压传输特性曲线，并在同一坐标系下描绘输入输出波形。

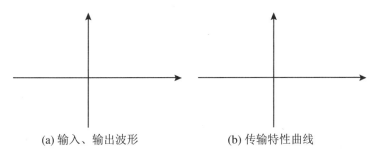

(a) 输入、输出波形　　　　　　(b) 传输特性曲线

图 2-34　反相滞回比较器测试结果

3．同相滞回比较器

实验线路如图 2-35 所示。

参照反相滞回比较器实验步骤进行操作，并将结果与反滞回比较器进行比较。

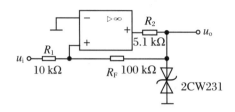

图 2-35　同相滞回比较器

4．窗口比较器

自拟实验步骤和方法测定其传输特性。

五、任务总结

（1）整理实验数据，绘制各类比较器的传输特性曲线。

（2）总结几种比较器的特点，阐明它们的应用。

任务 7　集成运算放大器的基本应用 3——波形产生电路

一、任务实施目的

（1）掌握波形产生电路的特点和分析方法。

（2）了解波形产生电路的设计方法。

二、任务实施器材

（1）双踪示波器。

（2）数字万用表。

（3）实验箱。

（4）A3 实验板。

三、任务原理分析

1．方波产生电路

实验电路如图 2-36 所示，该方波产生电路由滞回比较电路和 RC 定时电路构成。RC 定时元件构成积分电路，它把输出电压反馈到集成运算放大器的反相端。所以 RC 回路既是迟滞环节，又是反馈网络。双向稳压管稳压值 U_z 一般为 5～6 V。

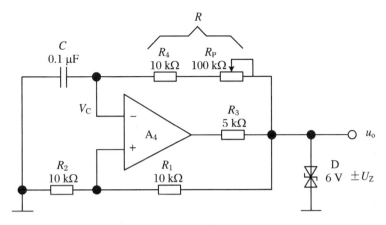

图 2-36　方波产生电路

$$U_{\mathrm{T+}} = \frac{R_2}{R_1 + R_2} U_{\mathrm{Z}}$$

$$U_{\mathrm{T-}} = -\frac{R_2}{R_1 + R_2} U_{\mathrm{Z}}$$

当电路的振荡达到稳定后,电容 C 就交替充电和放电。当 $u_{\mathrm{o}} = U_{\mathrm{OH}} = U_{\mathrm{Z}}$ 时,电容 C 充电,电容两端电压 u_C 不断上升,而此时同相端电压为上门限电压 $U_{\mathrm{T+}}$;当 $u_C > U_{\mathrm{T+}}$ 时,输出电压变为低电平 $u_{\mathrm{o}} = U_{\mathrm{OL}} = -U_{\mathrm{Z}}$,使同相端电压变为下门限电压 $U_{\mathrm{T-}}$,随后电容 C 开始放电,电容上的电压不断降低;当 u_C 降低到 $u_C < U_{\mathrm{T-}}$ 时,u_{o} 又变为高电平 U_{OH},电容又开始充电。重复上述过程,由此可得方波电压输出,如图 2-37 所示。

可推出

$$T = 2RC\ln\left(1 + \frac{2R_2}{R_1}\right)$$

$$f = 1/T$$

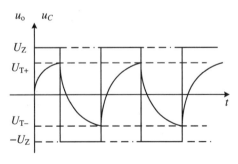

图 2-37　方波产生电路波形图

2．占空比可调的矩形波产生电路

如图 2-38 所示,改变电位器滑动端,就改变了充放电的时间,从而使方波的占空比可调。

3．三角波产生电路

如图 2-39 所示,方波产生电路后加积分电路即可得到三角波产生电路。

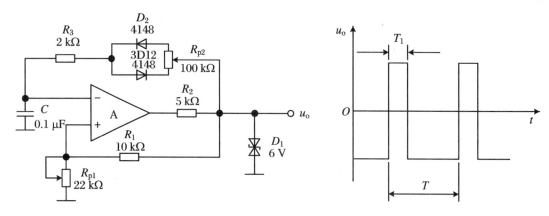

图 2-38 占空比可调的矩形波产生电路

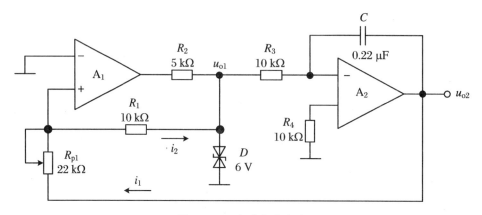

图 2-39 三角波产生电路

4. 锯齿波产生电路

电路如图 2-40 所示。在三角波产生电路的基础上,对积分电阻支路稍加改动,使积分电容的充放电时间不等,就可以获得锯齿波信号输出。

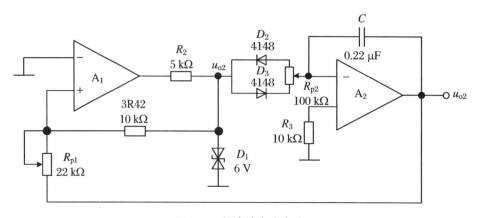

图 2-40 锯齿波产生电路

四、任务实施步骤

1．方波产生电路

（1）按图 2-36 接线,观察 u_C、u_o。波形及频率。

（2）分别测出 $R = 10\ \text{k}\Omega$,$110\ \text{k}\Omega$ 时的频率、输出幅值。

（3）要想获得更低的频率应如何选择电路参数? 试利用实验箱上给出的元器件进行条件实验并观测。

2．占空比可调的矩形波产生电路

（1）按图 2-38 接线,观察并测量电路的振荡频率、幅值及占空比。

（2）若要使占空比更大,应如何选择电路参数并应用实验验证。

3．三角波产生电路

（1）按图 2-39 接线,分别观测及 u_{o1} 及 u_{o2} 的波形并记录。

（2）如何改变输出波形的频率? 设计方案并连接测试。

4．锯齿波产生电路

（1）按图 2-40 接线,观测电路输出波形和频率。

（2）改变锯齿波频率并测量变化范围。

五、任务总结

总结波形产生电路的特点,并回答:

（1）波形产生电路需调零吗?

（2）波形产生电路有没有输入端?

任务 8　集成运算放大器的基本应用 4——有源滤波器

一、任务实施目的

（1）熟悉有源滤波器构成及其特性。

（2）学会测量有源滤波器幅频特性。

二、任务实施器材

（1）示波器。

（2）万用表。

（3）实验箱。

（4）A3 实验板。

三、任务原理分析

由 RC 元件与运算放大器组成的滤波器称为 RC 有源滤波器，其功能是让一定频率范围内的信号通过，抑制或急剧衰减此频率范围以外的信号。可用在信息处理、数据传输、抑制干扰等方面，但因受运算放大器频带限制，这类滤波器主要用于低频范围。根据对频率范围的选择不同，可分为低通（LPF）、高通（HPF）、带通（BPF）与带阻（BEF）四种滤波器，它们的幅频特性如图 2-41 所示。

具有理想幅频特性的滤波器是很难实现的，只能用实际的幅频特性去逼近理想的。一般来说，滤波器的幅频特性越好，其相频特性越差，反之亦然。滤波器的阶数越高，幅频特性衰减的速率越快，但 RC 网络的节数越多，元件参数计算越繁琐，电路调试越困难。任何高阶滤波器均可以用较低的二阶 RC 有源滤波器级联实现。

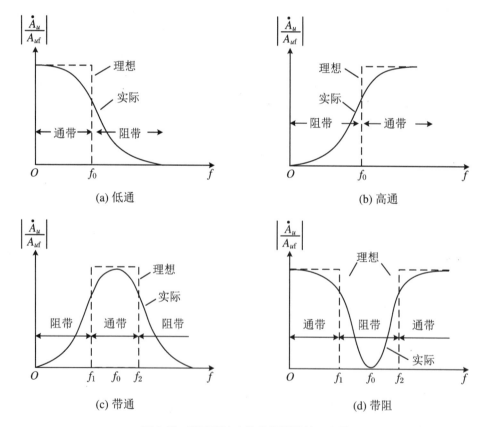

图 2-41　四种滤波电路的幅频特性示意图

1. 低通滤波器（LPF）

低通滤波器是通过低频信号来衰减或抑制高频信号的。

图 2-42(a)为典型的二阶有源低通滤波器的电路图。它由两级 RC 滤波环节与同相比例运算电路组成，其中第一级电容 C 接至输出端，引入适量的正反馈，以改善幅频特性。

图 2-42(b)为二阶低通滤波器幅频特性曲线。

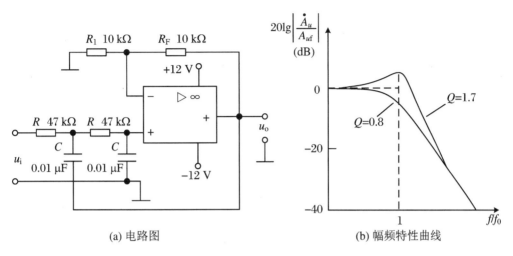

(a) 电路图　　　　　　　　　　　　(b) 幅频特性曲线

图 2-42　二阶低通滤波器

电路性能参数：

$A_{uf} = 1 + \dfrac{R_F}{R_1}$——二阶低通滤波器的通带增益；

$f_0 = \dfrac{1}{2\pi RC}$——截止频率，它是二阶低通滤波器通带与阻带的界限频率；

$Q = \dfrac{1}{3 - A_{uf}}$——品质因数，它的大小影响低通滤波器在截止频率处幅频特性的形状。

2. 高通滤波器(HPF)

与低通滤波器相反，高通滤波器是通过高频信号来衰减或抑制低频信号。

只要将低通滤波电路中起滤波作用的电阻、电容互换，即可变成二阶有源高通滤波器，电路图如图 2-43(a)所示。高通滤波器性能与低通滤波器相反，其频率响应和低通滤波器是"镜像"关系，仿照 LPH 分析方法，不难求得 HPF 的幅频特性。

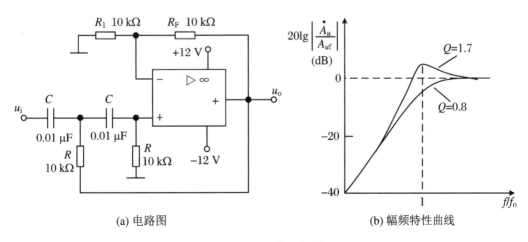

(a) 电路图　　　　　　　　　　　　(b) 幅频特性曲线

图 2-43　二阶高通滤波器

电路性能参数 A_{uf}、f_0、Q 各量的含义同二阶低通滤波器。

图 2-43(b)为二阶高通滤波器的幅频特性曲线,可见,它与二阶低通滤波器的幅频特性曲线有"镜像"关系。

3. 带通滤波器(BPF)

这种滤波器的作用是只允许在某一个通频带范围内的信号通过,而对比通频带下限频率低和比上限频率高的信号均加以衰减或抑制。

将二阶低通滤波器中的一级改成高通可以形成典型的带通滤波器,如图 2-44(a)所示。

电路性能参数:

$$A_{uf} = \frac{R_4 + R_F}{R_4 R_1 CB}\text{——通带增益;}$$

$$f_0 = \frac{1}{2\pi}\sqrt{\frac{1}{R_2 C^2}\left(\frac{1}{R_1} + \frac{1}{R_3}\right)}\text{——中心频率;}$$

$$B = \frac{1}{C}\left(\frac{1}{R_1} + \frac{2}{R_2} - \frac{R_F}{R_3 R_4}\right)\text{——通频带;}$$

$$Q = \frac{\omega_O}{B}\text{——选择性。}$$

此电路的优点是改变 R_F 和 R_4 的比例就可改变频宽,而不影响中心频率。

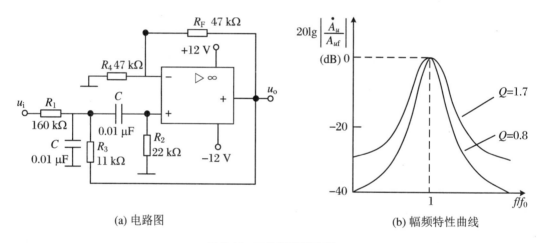

(a) 电路图　　　　　　　　(b) 幅频特性曲线

图 2-44　二阶带通滤波器

4. 带阻滤波器(BEF)

如图 2-45(a)所示,这种电路的性能和带通滤波器相反,即在规定的频带内,信号不能通过(或受到很大衰减或抑制),而在其余频率范围内,信号则能顺利通过。在双 T 网络后加一级同相比例运算电路就构成了基本的二阶有源 BEF。

电路性能参数:

$$A_{uf} = 1 + \frac{R_F}{R_1}\text{——通带增益;}$$

$$f_0 = \frac{1}{2\pi RC}\text{——中心频率;}$$

$$B = 2(2 - A_{uf})f_0\text{——带阻宽度;}$$

$$Q = \frac{1}{2(2 - A_{uf})}\text{——选择性。}$$

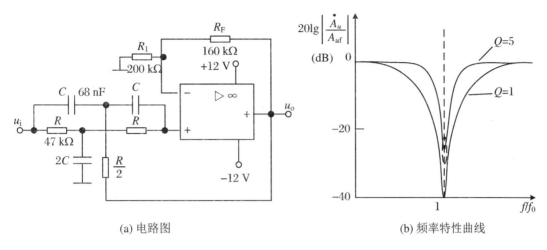

(a) 电路图　　　　　　　　　　　(b) 频率特性曲线

图 2-45　二阶带阻滤波器

四、任务实施步骤

1. 低通滤波器

实验电路如图 2-42 所示。

按表 2-32 的内容测量并记录。

表 2-32　低通滤波器的测量

u_i(V)	1	1	1	1	1	1	1	1	1	1
f(Hz)	5	10	15	30	60	100	150	200	300	400
u_o(V)										

2. 高通滤波器

实验电路如图 2-43 所示。

按表 2-33 的内容测量并记录。

表 2-33　高通滤波器的测量

u_i(V)	1	1	1	1	1	1	1	1	1
f(Hz)	10	16	50	100	130	160	200	300	400
u_o(V)									

3. 带通滤波器

实验电路如图 2-44 所示。

(1) 实测电路中心频率。

(2) 以实测中心频率为中心,测出电路幅频特性。

五、任务总结

整理实验数据,画出各电路曲线,并与计算值对比分析误差。

任务 9　低频功率放大器——OTL 功率放大器

一、任务实施目的

（1）进一步理解 OTL 功率放大器的工作原理。

（2）学会 OTL 电路的调试及主要性能指标的测试方法。

二、任务实施器材

（1）+5 V 直流电源。

（2）函数信号发生器。

（3）双踪示波器。

（4）交流毫伏表。

（5）直流电压表。

（6）直流毫安表。

（7）频率计。

（8）晶体三极管 3DG6（9011）、3DG12（9013）、3CG12（9012）。

（9）晶体二极管 IN4007。

（10）8 Ω 扬声器、电阻器、电容器若干。

三、任务原理分析

1. 原理分析

图 2-46 所示为 OTL 低频功率放大器。其中由晶体三极管 T_1 组成推动级（也称前置放大级），T_2、T_3 是一对参数对称的 NPN 和 PNP 型晶体三极管，它们组成互补推挽 OTL 功放电路。

由于每一个管子都接成射极输出器形式，因此具有输出电阻低，负载能力强等优点，适合于作功率输出级。T_1 管工作于甲类状态，它的集电极电流 I_{C1} 由电位器 R_{W1} 进行调节。I_{C1} 的一部分流经电位器 R_{W2} 及二极管 D，给 T_2、T_3 提供偏压。调节 R_{W2}，可以使 T_2、T_3 得到合适的静态电流而工作于甲、乙类状态，以克服交越失真。静态时要求输出端中点 A 的电位 $V_A = \dfrac{1}{2} V_{CC}$，可以通过调节 R_{W1} 来实现，又由于 R_{W1} 的一端接在 A 点，因此在电路中引入交、直流电压并联负反馈，一方面能够稳定放大器的静态工作点，另一方面也改善了非线性失真。

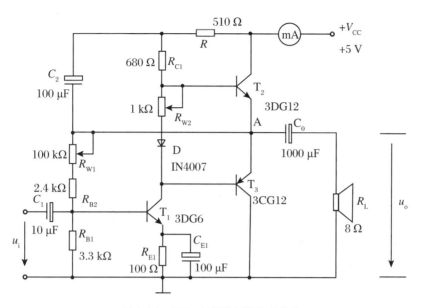

图 2-46 OTL 功率放大器实验电路

当输入正弦交流信号 u_I 时,经 T_1 放大、倒相后同时作用于 T_2、T_3 的基极,u_1 的负半周使 T_2 管导通(T_3 管截止),有电流通过负载 R_L,同时向电容 C_0 充电,在 u_1 的正半周,T_3 导通(T_2 截止),则已充好电的电容器 C_0 起着电源的作用,通过负载 R_L 放电,这样在 R_L 上就得到完整的正弦波。

C_2 和 R 构成自举电路,用于提高输出电压正半周的幅度,以得到大的动态范围。

2. OTL 电路的主要性能指标

(1)最大不失真输出功率 P_{om}。理想情况下,$P_{om} = \dfrac{1}{8}\dfrac{V_{CC}^2}{R_L}$,在实验中可通过测量 R_L 两端的电压有效值,求得实际 $P_{om} = \dfrac{U_o^2}{R_L}$。

(2)效率 η。

$$\eta = \frac{P_{om}}{P_E} \times 100\%$$

式中,P_E——直流电源供给的平均功率。

理想情况下,$\eta_{max} = 78.5\%$。在实验中,可测量电源供给的平均电流 I_{DC},从而求得 $P_E = V_{CC} \cdot I_{DC}$,负载上的交流功率已用上述方法求出,因而也就可以计算实际效率了。

(3)输入灵敏度。输入灵敏度是指输出最大不失真功率时,输入信号 U_i 的值。

四、任务实施步骤

在整个测试过程中,电路不应有自激现象。

1. 静态工作点的测试

按图 2-46 连接实验电路,将输入信号调至零($u_i = 0$),电源进线中串入直流毫安表,电位器 R_{W2} 置最小值,R_{W1} 置中间位置。接通 +5 V 电源,观察毫安表指示,同时用手触摸输出级管子,若电流过大或管温升高显著,应立即断开电源检查原因(如 R_{W2} 开路、电路自激或输出管性能不好等）。如无异常现象，可开始调试。

（1）调节输出端中点电位 V_A。调节电位器 R_{W1}，用直流电压表测量 A 点电位，使 $V_A = \frac{1}{2} V_{CC}$。

（2）调整输出极静态电流及测试各级静态工作点。调节 R_{W2}，使 T_2、T_3 管的 $I_{C2} = I_{C3} = 5\sim10$ mA。从减小交越失真的角度而言，应适当加大输出极静态电流，但该电流过大，会使效率降低，所以一般以 $5\sim10$ mA 为宜。由于毫安表是串在电源进线中的，因此测得的是整个放大器的电流，但一般 T_1 的集电极电流 I_{C1} 较小，从而可以把测得的总电流近似当作末级的静态电流。若要准确得到末级静态电流，则可从总电流中减去 I_{C1}。

调整输出级静态电流的另一方法是动态调试法。先使 $R_{W2} = 0$，在输入端接入 $f = 1$ kHz 的正弦信号 u_i。逐渐加大输入信号的幅值，此时，输出波形应出现较严重的交越失真（注意：没有饱和和截止失真），然后缓慢增大 R_{W2}，当交越失真刚好消失时，停止调节 R_{W2}，恢复 $u_i = 0$，此时直流毫安表读数即为输出级静态电流。一般数值也应在 $5\sim10$ mA，若过大，则要检查电路。

输出极电流调好以后，测量各级静态工作点，填入表 2-34 中。注意：

① 在调整 R_{W2} 时，一是要注意旋转方向，不要调得过大，更不能开路，以免损坏输出管。

② 输出管静态电流调好后，如无特殊情况，不得随意旋动 R_{W2} 的位置。

$I_{C2} = I_{C3} = 5\sim10$ mA，$V_A = 2.5$ V。

表 2-34　OTL 功率放大器的静态工作点的测试

	T_1	T_2	T_3
V_B(V)			
V_C(V)			
V_E(V)			

2. 最大输出功率 P_{om} 和效率 η 的测试

（1）测量 P_{om}。输入端接 $f = 1$ kHz 的正弦信号 u_i，输出端用示波器观察输出电压 u_o 波形。逐渐增大 u_i，使输出电压达到最大不失真输出，用交流毫伏表测出负载 R_L 上的电压 U_{om}，则

$$P_{om} = \frac{U_{om}^2}{R_L}$$

（2）测量 η。当输出电压为最大不失真输出时，读出直流毫安表中电流值，即为直流电源供给的平均电流 I_{DC}（有一定误差），由此可近似求得 $P_E = V_{CC} \cdot I_{DC}$，再根据上面测得的 P_{om}，即可求出 $\eta = \frac{P_{om}}{P_E}$。

3. 输入灵敏度测试

根据输入灵敏度的定义，只要测出输出功率 $P_o = P_{om}$ 时的输入电压值 U_i 即可。

五、实验总结

(1) 整理实验数据,计算静态工作点、最大不失真输出功率 P_{om}、效率 η 等,并与理论值进行比较。

(2) 讨论实验中发生的问题及解决办法。

任务 10　集成功率放大器

一、任务实施目的

(1) 熟悉集成功率放大器的特点。

(2) 掌握集成功率放大器的主要性能指标及测量方法。

二、任务实施器材

(1) 示波器。

(2) 信号发生器。

(3) 万用表。

(4) 实验箱。

(5) A3 实验板。

三、任务原理分析

集成功率放大器由集成功放 IC 和一些外部阻容元件构成。它具有线路简单、性能优越、工作可靠、调试方便等优点,已经成为在音频领域中应用十分广泛的功率放大器。

电路中最主要的组件为集成功放,它的内部电路与一般分立元件功率放大器不同,通常包括前置级、中间级、输出级及偏置电路等,因此通常具有一定的电压增益。输出级一般采用甲乙类互补对称功放,输出功率大,效率高。为了保证器件在大功率状态下安全可靠地工作,集成功率放大器中还常设有过流、过压、过热保护电路。典型的集成功率放大器有 LM386、TDA2040、TDA1521 等。

四、任务实施步骤

(1) 按图 2-47 在实验板上插装电路。经检查接线没有错误后,接通 9 V 直流电源。

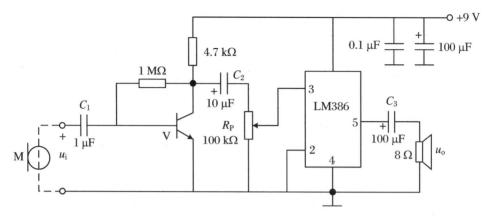

图 2-47　集成功率放大器

（2）用万用表直流电压挡,测量晶体管的直流工作点电压以及集成功率放大器 5 脚对地电压,均应符合要求,否则应断电检查,查出原因解决问题后方可再次通电。

（3）在输入端接 1 kHz、10 mV 左右音频信号,扬声器中即有声音发出,调节 R_P,声音强弱跟随变化,改变频率,感受声音的变化。随后将频率调回 1 kHz,用示波器观察输出波形,逐渐增加输入电压幅度,直至出现失真为止,记录此时输入电压、输出电压幅值,计算电压放大倍数。

（4）将一话筒置于输入端,模拟扩音机来检验电路的放大效果。

五、任务总结

指出电路中晶体管集电极直流电位（设晶体管为硅管,$\beta = 100$）和集成功率放大器 5 脚直流电位的大小,求出最大不失真输出电压有效值。

学习情境 8 直流稳压电源

任务 1 三端集成稳压器

一、任务实施目的

(1) 了解集成稳压器特性和使用方法。

(2) 掌握直流稳压电源主要参数测试方法。

(3) 了解集成稳压器扩展性能的方法。

二、任务实施器材

(1) 示波器。

(2) 数字万用表。

(3) 实验箱。

(4) A5 实验板。

三、任务原理分析

目前,集成稳压器由于具有体积小、外接线路简单、使用方便、工作可靠和通用性强等优点,在各种电子设备中已经得到了非常广泛的应用,基本上取代了由分立元件构成的稳压电路。集成稳压器的种类很多,应根据设备对直流电源的要求来进行选择。对于大多数电子仪器、设备和电子电路来说,通常选用串联线性集成稳压器。而在这种类型的器件中,又以三端式稳压器的应用最为广泛。

CW7800、CW7900 系列是输出电压固定的三端式集成稳压器。CW7800 系列三端式稳压器输出正极性电压,一般有 5 V、6 V、9 V、12 V、15 V、18 V、24 V 七个档次,输出电流最大可达 1.5 A(加散热片)。同类型 78M 系列稳压器的输出电流为 0.5 A,78L 系列稳压器的输出电流为 0.1 A。若要求负极性输出电压,则可选用 CW7900 系列稳压器。

除固定输出三端稳压器外,尚有可调式三端稳压器,例如 CW317、CW337,它可通过外接元件对输出电压进行调整,以适应不同的需求。

1. 单电源电压输出电路

实验电路如图 2-48。其中整流部分采用了由四个二极管组成的桥式整流桥堆,型号为 2W06(或 KBP306)。C_1、C_2 为滤波电容,一般选取几百至几千微法。当稳压器距离整流滤波电路比较远时,在输入端必须接入电容器 C_3(数值为 0.33 μF),以抵消线路的电感效应,防止产生自激振荡。输出端电容 C_4(0.1 μF)用以滤除输出端的高频信号,改善电路的暂态响应。

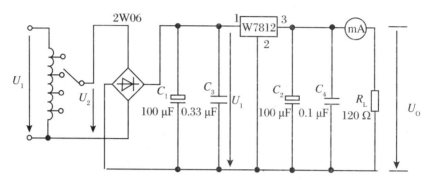

图 2-48　由 CW7812 构成的串联型稳压电源

2. 正、负双电压输出电路

实验电路如图 2-48,例如需要 $U_{O1} = +15$ V,$U_{O2} = -15$ V,则可选用 CW7815 和 CW7915 三端稳压器,这时的 U_1 应为单电压输出时的两倍。

3. 输出电压扩展电路

当集成稳压器本身的输出电压或输出电流不能满足要求时,可通过外接电路来进行性能扩展。图 2-49 是一种简单的输出电压扩展电路。如 CW7812 稳压器的 3、2 端间输出电压为 12 V,因此只要适当选择 R 的值,使稳压管 D_W 工作在稳压区,则输出电压 $U_O = 12 + U_Z$,可以高于稳压器本身的输出电压。

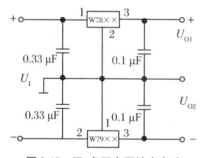

图 2-49　正、负双电压输出电路

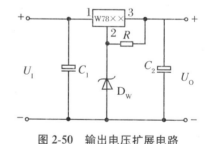

图 2-50　输出电压扩展电路

4. 输出电流扩展电路

实验电路如图 2-51 所示,它通过外接晶体管 T 及电阻 R_1 来进行电流扩展。电阻 R_1 的阻值由外接晶体管的发射结导通电压 U_{BE}、三端式稳压器的输入电流 I_1(近似等于三端稳压器的输出电流 I_{O1})和 T 的基极电流 I_B 来决定,即

$$R_1 = \frac{U_{BE}}{I_R} - \frac{U_{BE}}{I_1 - I_B} = \frac{U_{BE}}{I_1 - \frac{I_C}{\beta}}$$

式中,I_C 为晶体管 T 的集电极电流,$I_C = I_O - I_{O1}$;β 为 T 的电流放大系数;对于锗管,U_{BE} 可

按 $0.3\,\text{V}$ 估算,对于硅管,U_{BE} 按 $0.7\,\text{V}$ 估算。

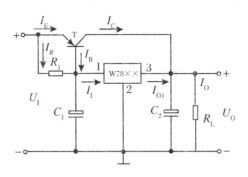

图 2-51　输出电流扩展电路

5. 稳压电源的主要性能指标

(1) 输出电压。

(2) 最大负载电流 I_{Om}。

(3) 输出电阻 R_O。输出电阻定义为:当输入电压保持不变时,由于负载变化而引起的输出电压变化量与输出电流变化量之比,即 $R_O = \dfrac{\Delta U_O}{\Delta I_O}\Big|_{U_I=常数}$。

(4) 稳压系数 S。稳压系数定义为:当负载保持不变时,输出电压相对变化量与输入电压相对变化量之比,即 $S = \dfrac{\Delta U_O / U_O}{\Delta U_I / U_I}\Big|_{R_L=常数}$。

由于工程上常把电网电压波动 $\pm 10\%$ 作为极限条件,因此也有将此时输出电压的相对变化量 $\Delta U_O / U_O$ 作为衡量指标,称为电压调整率。

(5) 纹波电压。输出纹波电压是指在额定负载条件下,输出电压中所含交流分量的有效值。

四、任务实施步骤

1. 稳压器的测试

实验电路如图 2-48 所示。

(1) 记录变压、整流、滤波、稳压四步的输出波形,并用直流电压表测量输出电压值。

(2) 用交流毫伏表测量纹波电压。

(3) 测量保持稳定输出电压的输入电压范围。

2. 三端稳压器灵活应用(选做)

(1) 改变输出电压。实验电路如图 2-52、图 2-53 所示。按图接线,测量上述电路输出电压及变化范围。

集成三端稳压器测试

(2) 组成恒流源。实验电路如图 2-54 所示。按图接线,并测试电路恒流作用。

五、任务总结

查询资料,结合自己所做实验,说明三端稳压器的使用注意事项。

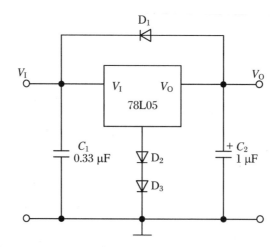

图 2-52　三端稳压器改变输出电压(1)

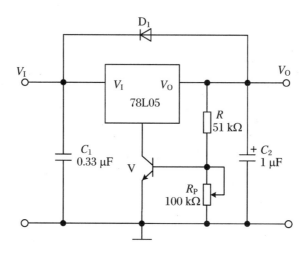

图 2-53　三端稳压器改变输出电压(2)

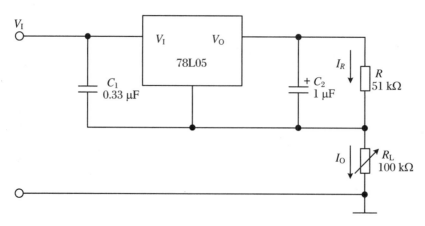

图 2-54　三端稳压器组成恒流源

任务 2　可调直流稳压电源的组装与调试

一、任务实施目的

（1）研究集成稳压器的特点和性能指标的测试方法。
（2）掌握直流集成稳压电源的工作原理、测试方法。

二、任务实施器材

（1）实验台或实验箱 1 台。
（2）直流电压表 1 块。
（3）交流电压表 1 块。
（4）LM317 1 块。
（5）KBP306（整流桥堆）1 块。
（6）IN4004 6 只。
（7）4.7 kΩ 电位器、240 Ω 电阻各 1 个。
（8）2200 μF、10 μF、1 μF、0.1 μF 电容各 1 个。

三、任务原理分析

目前，各种电子线路都需要用到直流稳压电源，直流稳压电源种类繁多，有由分立元件组成的串联型集成直流稳压电源，有由集成稳压器组成的单电压输出、正负双电压输出的固定、可调直流稳压电源。本实验以由 LM317 组成的直流稳压电源为例，说明直流稳压电源的原理与测试方法。

LM317 是三端可调集成稳压器，外形及接线图如图 2-55，其输出电压可调范围为 1.25～37 V，输出电流可达 1.5 A，在输出端与调整端之间基准电压为 $U_{REF}=1.25$ V，从调整端流出的电流为 $I_{adj}=50$ μA。另外，LM317 内部还设有过流、过热保护，使用起来安全方便。

直流稳压电源电路由变压器、单相桥式整流电路、滤波电路、稳压电路组成，如图 2-56 所示。T 为变压器；$V_{D1}\sim V_{D4}$ 组成单相桥式整流电路；C_1、C_2 为滤波电容，其中 C_1 为整流滤波电容，C_2 为稳压器输入端高频滤波电容；LM317 及外围元件组成电压可调的稳压电路；C_3 是旁路电容，可减小电位器 R_P 两端的纹波电压；C_4 用来防止输出端呈容性负载时可能发生的自激现象；V_{D5}、V_{D6} 为保护二极管，其中 V_{D5} 在输入端短路时为 C_4 提供了放电回路，V_{D6} 在输出端短路时为 C_3 提供了放电回路，避免了稳压器内部因输入、输出短路而损坏。

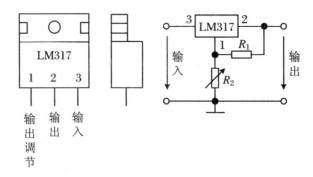

图 2-55　LM317 外形及接线图

R_1 两端电压为 $1.25\,\mathrm{V}$，则流过 R_1 的电流为

$$I_{R_1} = \frac{1.25}{120} \approx 10\,\mathrm{mA}$$

流过电位器 R_P 中的电流为 $I_{R_P} = I_{R_1} + I_{\mathrm{adj}}$，则 R_P 两端电压为 $R_P(I_{R_1} + I_{\mathrm{adj}})$。

输出电压为 R_1 和 R_P 上的电压之和，即 $U_\mathrm{o} = I_{R_1} \cdot R_1 + I_{R_1} \cdot R_P + I_{\mathrm{adj}} \cdot R_P$。

由于 $I_{R_1} \approx 10\,\mathrm{mA}$，而 I_{adj} 仅有 $50\,\mu\mathrm{A}$，如果将上式中的 $I_{\mathrm{adj}} \cdot R_P$ 忽略不计，则输出电压 U_o 可化简为：

$$\begin{aligned} U_\mathrm{o} &= I_{R_1} \cdot R_1 + I_{R_1} \cdot R_P \\ &= 1.25 + \frac{1.25}{R_1} \cdot R_P \\ &= 1.25\left(1 + \frac{R_P}{R_1}\right) \end{aligned}$$

由此可以看出，固定 R_1，调节 R_P 即可调节稳压器输出电压 U_o。

四、任务实施步骤

（1）按图 2-56 连接电路。

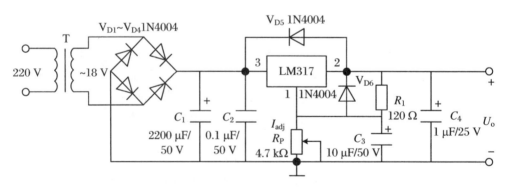

图 2-56　三端可调输出集成稳压电路

（2）通电，若无异常现象，测量变压器一次侧、二次侧电压 U_1、U_2，整流滤波后电压 U_3，并用示波器观察整流滤波后的波形。

（3）调节电位器 R_P，测量输出电压的调节范围。

（4）测量电路输出电阻 R_O。

（5）测量电路稳压系数 S。

（6）测量电路纹波电压。

五、任务总结

按要求书写实验报告，整理所测数据，按照直流稳压电源的各项性能指标分析此稳压电源的质量，并思考：

（1）R_1 的最大值如何确定？

（2）为使输出电压在 $1.25\sim37$ V 内可调，R_P 的范围应为多少？

（3）如果输出电压中有高频寄生振荡，应该如何消除？

学习情境 9　振荡器

任务 1　RC 正弦波振荡器

一、任务实施目的

(1) 掌握桥式 RC 正弦波振荡器的电路构成及工作原理。
(2) 熟悉正弦波振荡器的调整、测试方法。
(3) 观察 RC 参数对振荡频率的影响,学习振荡频率的测定方法。

二、任务实施器材

(1) 双踪示波器。
(2) 低频信号发生器。
(3) 频率计。
(4) 实验箱。
(5) A_1、A_3 实验板。

三、任务原理分析

振荡电路在自动控制、电测技术、无线电通信等方面都有广泛的应用。例如,低频信号发生器,无线电发射机、接收机中的振荡电路等。振荡器实际上是一种自激放大器,它不需要外加信号源,就可自激产生信号——这种现象称为自激振荡。自激振荡必须满足两个条件:相位平衡和幅度平衡。

电路如图 2-57 所示。

振荡频率:$f_0 = \dfrac{1}{2\pi RC}$。

起振幅值条件:$|\dot{A}|_{uf} \geqslant 3$。

电路特点:可方便地连续改变振荡频率,便于加负反馈稳幅,容易得到良好的振荡波形。

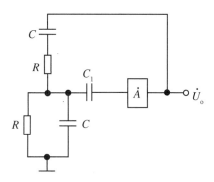

图2-57　*RC* 串并联网络振荡器原理图

四、任务实施步骤

(1) 按图 2-58 接线。注意电阻 $2R_1 > R_2 > 2R_1 - R_3$，即 $12.4\ \text{k}\Omega > R_2 > 8.1\ \text{k}\Omega$。

(2) 用示波器观察输出波形，测量输出频率。

(3) 调节哪些参数可以改变振荡频率？验证，并记录所改变的参数和频率。

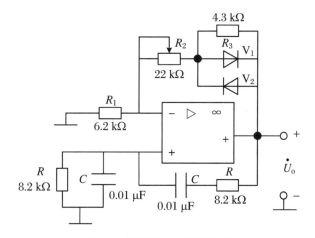

图 2-58　运算放大器闭环电路

五、任务总结

(1) 图 2-58 所示电路中哪些参数与振荡频率有关？

(2) 图 2-58 所示电路由哪几部分组成？有哪几种形式的反馈？两个二极管的作用是什么？

任务 2　*LC* 正弦波振荡器

一、任务实施目的

(1) 掌握变压器反馈式 *LC* 正弦波振荡器的调整和测试方法。

(2) 研究电路参数对 *LC* 振荡器起振条件及输出波形的影响。

二、任务实施器材

(1) +12 V 直流电源。

(2) 双踪示波器。

(3) 交流毫伏表。

(4) 直流电压表。

(5) 频率计。

(6) 振荡线圈。

(7) 晶体三极管 3DG6×1(9011×1)，3DG12×1(9013×1)。

(8) 电阻器、电容器若干。

三、任务原理分析

LC 正弦波振荡器是由 *L*、*C* 元件组成选频网络的振荡器，一般用来产生 1 MHz 以上的高频正弦信号。根据 *LC* 调谐回路的不同连接方式，*LC* 正弦波振荡器又可分为变压器反馈式（或称互感耦合式）、电感三点式和电容三点式三种。图 2-59 为变压器反馈式 *LC* 正弦波振荡器的实验电路。其中晶体三极管 T_1 组成共射放大电路，变压器 T_r 的原绕组 L_1（振荡线圈）与电容 *C* 组成调谐回路，它既作为放大器的负载，又起选频作用，副绕组 L_2 为反馈线圈，L_3 为输出线圈。

该电路是靠变压器原、副绕组同名端的正确连接，来满足自激振荡的相位条件，即满足正反馈条件。在实际调试中可以通过把振荡线圈 L_1 或反馈线圈 L_2 的首、末端对调，来改变反馈的极性。而振幅条件的满足，一是靠合理选择电路参数，使放大器建立合适的静态工作点；二是改变线圈 L_2 的匝数或它与 L_1 之间的耦合程度，以得到足够强的反馈量。稳幅作用是利用晶体管的非线性来实现的。由于 *LC* 并联谐振回路具有良好的选频作用，因此输出电压波形一般失真不大。

振荡器的振荡频率由谐振回路的电感和电容决定：$f_0 = \dfrac{1}{2\pi \sqrt{LC}}$

式中，*L* 为并联谐振回路的等效电感（即考虑其他绕组的影响）。

振荡器的输出端增加一级射极跟随器，用以提高电路的带负载能力。

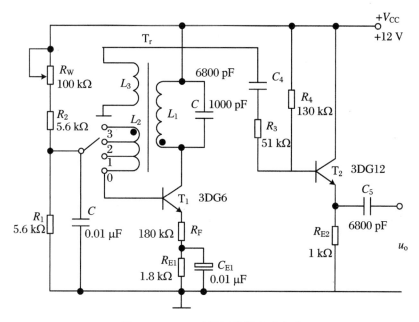

图 2-59　LC 正弦波振荡器实验电路

四、任务实施步骤

按图 2-59 连接实验电路。电位器 R_W 置最大位置,振荡电路的输出端接示波器。

1. 静态工作点的调整

(1) 接通 + 12 电源,调节电位器 R_W,使输出端得到不失真的正弦波形,如不起振,可改变 L_2 的首末端位置,使之起振。

测量两管的静态工作点及正弦波的有效值 U_o,记入表 2-35 中。

(2) 把 R_W 调小,观察输出波形的变化。测量有关数据,记入表 2-35 中。

(3) 调大 R_W,使振荡波形刚刚消失,测量有关数据,记入表 2-35 中。

表 2-35　静态工作点的测量数据

		V_B(V)	V_E(V)	V_C(V)	I_C(mA)	U_o(V)	u_o 波形
R_W 居中	T_1						
	T_2						
R_W 小	T_1						
	T_2						
R_W 大	T_1						
	T_2						

根据以上三组数据,分析静态工作点对电路起振、输出波形幅度和失真的影响。

2. 观察反馈量大小对输出波形的影响

置反馈线圈 L_2 于位置 0(无反馈)、1(反馈量不足)、2(反馈量合适)、3(反馈量过强)时,测量相应的输出电压波形,记入表 2-36 中。

表 2-36　反馈量大小对输出波形的影响

L_2 位置	0	1	2	3
u_o 波形	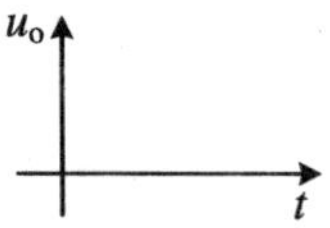	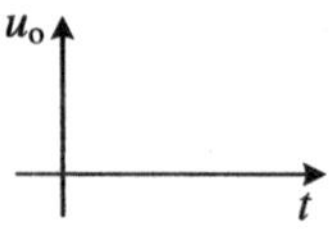	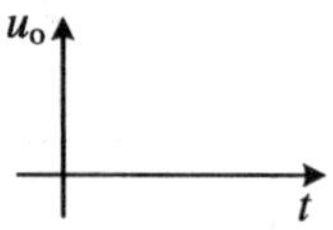	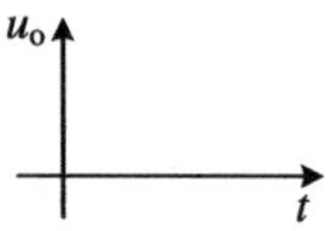

3. 验证相位条件

改变线圈 L_2 的首、末端位置,观察停振现象;

恢复 L_2 的正反馈接法,改变 L_1 的首末端位置,观察停振现象。

4. 测量振荡频率

调节 R_W 使电路正常起振,同时用示波器和频率计测量以下两种情况下的振荡频率 f,记入表 2-37。谐振回路电容:① $C = 1000\ \text{pF}$;② $C = 100\ \text{pF}$。

表 2-37　振荡频率的测量数据

$C(\text{pF})$	1000	100
$f(\text{kHz})$		

5. 观察谐振回路 Q 值对电路工作的影响

谐振回路两端并入 $R = 5.1\ \text{k}\Omega$ 的电阻,观察 R 并入前后振荡波形的变化情况。

五、任务总结

(1) 整理实验数据,并分析讨论:

① LC 正弦波振荡器的相位条件和幅值条件;

② 电路参数对 LC 振荡器起振条件及输出波形的影响。

(2) 讨论实验中发现的问题及解决办法。

任务 3　多谐振荡器

一、任务实施目的

（1）了解构成多谐振荡器的多种电路形式。
（2）掌握多谐振荡器波形及频率的测试方法。

二、任务实施器材

（1）实验箱。
（2）双踪示波器。
（3）CC4011、555 定时器、CC40106、CC14528、32768Hz 晶振、电阻器、电容器若干。

三、任务原理分析

多谐振荡器是用来直接产生脉冲的电路，在接通电源后，不需要外加任何输入信号就能产生周期性的脉冲信号。

1．非对称型多谐振荡器

如图 2-60 所示，非门 3 用于输出波形整形。

非对称型多谐振荡器的输出波形是不对称的，当用 TTL 与非门组成时，输出脉冲宽度

$$t_{w1} = RC, \quad t_{w2} = 1.2\,RC, \quad T = 2.2\,RC$$

调节 R 和 C 的值，可改变输出信号的振荡频率，通常用改变 C 实现输出频率的粗调，改变电位器 R 实现输出频率的细调。

2．对称型多谐振荡器

如图 2-61 所示，由于电路完全对称，电容器的充放电时间常数相同，故输出为对称的方波。改变 R 和 C 的值，可以改变输出振荡频率。非门 3 用于输出波形整形。

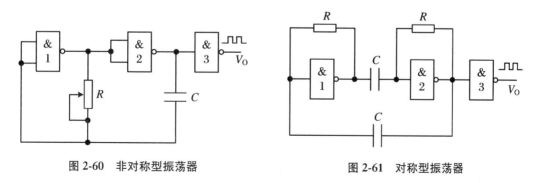

图 2-60　非对称型振荡器　　　　图 2-61　对称型振荡器

一般取 $R \leqslant 1\ \text{k}\Omega$,当 $R = 1\ \text{k}\Omega$,$C = 100\ \text{pF} \sim 100\ \mu\text{F}$ 时,$f = n\ \text{Hz} \sim n\ \text{MHz}$,脉冲宽度 $t_{w1} = t_{w2} = 0.7RC$,$T = 1.4RC$。

以上这些电路的状态转换都发生在与非门输入电平达到门的阈值电平 V_T 的时刻。在 V_T 附近电容器的充放电速度已经缓慢,而且 V_T 本身也不够稳定,易受温度、电源电压变化等因素以及干扰的影响。因此,电路输出频率的稳定性较差。

3. 石英晶体稳频的多谐振荡器

当要求多谐振荡器的工作频率稳定性很高时,常用石英晶体作为信号频率的基准。用石英晶体与门电路构成的多谐振荡器常用来为微型计算机等提供时钟信号。

图 2-62 所示为常用的晶体稳频多谐振荡器。(a)、(b)为 TTL 器件组成的晶体振荡电路;(c)、(d)为 CMOS 器件组成的晶体振荡电路,一般用于电子表中,其中晶体的 $f_0 = 32768\ \text{Hz}$。

在图 2-62(c)中,门 1 用于振荡,门 2 用于缓冲整形。R_F 是反馈电阻,为几十兆欧,一般选 22 $\text{M}\Omega$。R 起稳定振荡作用,通常取一千欧至几百千欧。C_1 是频率微调电容器,C_2 用于温度特性校正。

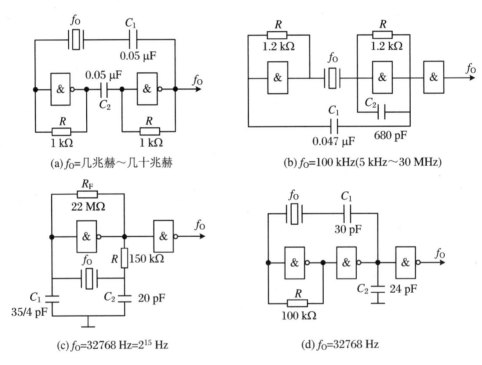

(a) f_0=几兆赫～几十兆赫

(b) f_0=100 kHz(5 kHz～30 MHz)

(c) f_0=32768 Hz=2^{15} Hz

(d) f_0=32768 Hz

图 2-62 常用的晶体振荡电路

4. 单稳态触发器实现多谐振荡器

电路如图 2-63 所示。

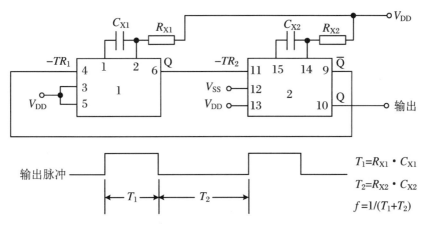

图 2-63　单稳态触发器实现多谐振荡器

5. 施密特触发器构成多谐振荡器

电路如图 2-64 所示。

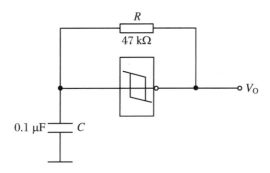

图 2-64　施密特触发器构成多谐振荡器

6. 555 定时器构成多谐振荡器

电路及输出波形如图 2-65 所示。原理见学习情境 12 中的"任务 4　555 定时器的应用"。

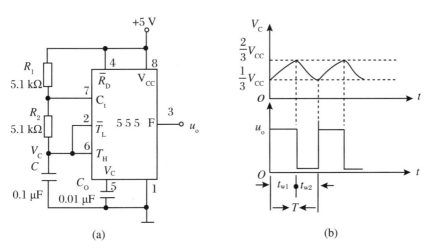

图 2-65　555 定时器构成

四、任务实施步骤

（1）连接图 2-62(d)，测试振荡器输出波形和频率。

（2）连接图 2-63，测试振荡器输出波形和频率。

（3）连接图 2-64，测试振荡器输出波形和频率。

（4）连接图 2-65，测试振荡器输出波形和频率。

五、任务总结

分析改变各种多谐振荡器频率的方法。

第 3 篇
数字电子技术实验与实训

学习情境 10　基本逻辑门功能及静态参数测试

一、任务实施目的

（1）掌握基本逻辑门电路的功能和静态参数的测量方法。
（2）学会选择逻辑门。

二、任务实施器材

（1）电子综合实验台或实验箱（逻辑开关、逻辑电平显示、五功能逻辑笔）1台。
（2）元器件：74LS04、74LS00、74LS02。

三、任务原理分析

数字电路既能进行数据运算，又能进行逻辑运算，即具有"逻辑判断"功能，所以也称为逻辑电路。数字集成逻辑电路有多种类型，常用的有 TTL 和 CMOS 两种类型，逻辑电路所使用的逻辑电平也有多种。使用者必须清楚自己所使用的逻辑电路类型和逻辑电平标准，了解集成门电路从导通到截止所需要的转换条件和所表现出来的转换特性，诸如开门电平、输出高电平、输出低电平等这样一些静态参数，以及诸如平均传输延迟时间一类的动态参数。图 3-1 所示为与非门电路的转换特性（电压传输特性）曲线，它表示输入由低电平变到高电平时输出电平的相应变化。

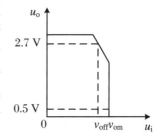

图 3-1　与非门的转换特性曲线

1. 逻辑电平的一些基本概念

（1）输入高电平（V_{IH}）：保证逻辑门的输入为高电平时所允许的最小输入高电平，当输入电平高于 V_{IH} 时，则认为输入电平为高电平。

（2）输入低电平（V_{IL}）：保证逻辑门的输入为低电平时所允许的最大输入低电平，当输入电平低于 V_{IL} 时，则认为输入电平为低电平。

（3）输出高电平（V_{OH}）：保证逻辑门的输出为高电平时的输出电平的最小值，逻辑门的输出为高电平时的电平值都必须大于此 V_{OH}。

（4）输出低电平（V_{OL}）：保证逻辑门的输出为低电平时的输出电平的最大值，逻辑门的输出为低电平时的电平值都必须小于此 V_{OL}。

（5）阈值电平（V_T）：数字电路芯片都存在一个阈值电平，就是电路刚刚勉强能翻转动作时的电平。它是一个界于 V_{IL}、V_{IH} 之间的电压值，对于 CMOS 电路的阈值电平，基本上是二分之一的电源电压值,但要保证有稳定的输出,则必须要求输入高电平$>V_{IH}$,输入低电平$<V_{IL}$,而如果输入电平在阈值上下,也就是 $V_{IL}\sim V_{IH}$ 这个区域,电路的输出会处于不稳定状态。

对于一般的逻辑电平,以上参数的大小关系如下:$V_{OH}>V_{IH}>V_T>V_{IL}>V_{OL}$。

(6) I_{OH}:逻辑门输出为高电平时的负载电流。

(7) I_{OL}:逻辑门输出为低电平时的负载电流。

(8) I_{IH}:逻辑门输入为高电平时的电流。

(9) I_{IL}:逻辑门输入为低电平时的电流(为拉电流)。

2. 逻辑电平分类

逻辑电平有 TTL、CMOS、LVTTL、LVCMOS、ECL、PECL、LVDS、GTL、BTL、ETL、GTLP、RS232、RS422、RS485 等标准。常用的逻辑电平有 TTL、CMOS、LVTTL、ECL、PECL、GTL、RS232、RS422、LVDS 等。其中 TTL 和 CMOS 的逻辑电平按典型电压可分为四类:5 V 系列(5 V TTL 和 5 V CMOS)、3.3 V 系列、2.5 V 系列和 1.8 V 系列。5 V TTL 和 5 V CMOS 逻辑电平是通用的逻辑电平。3.3 V 及以下的逻辑电平被称为低电压逻辑电平。RS-422/485 和 RS-232 是串口的接口标准。

本节测试主要使用 74LS 系列的 TTL 集成电路,TTL 电平标准,它的电源电压为 5 V,逻辑高电平"1"一般大于等于 2.4 V,逻辑低电平"0"一般小于等于 0.4 V。

3. TTL 和 CMOS 集成电路使用规则

除了需要关心集成逻辑门功能及静态参数、集成电路类型和逻辑电平标准外,使用者还需注意 TTL 和 CMOS 两种类型逻辑门的使用规则,以防出错。

1) TTL 集成电路使用规则

(1) 接插集成块时,要认清定位标记,不得插反。

(2) 电源电压使用范围为 4.5~5.5 V,一般接 5 V。电源极性绝对不允许接错。

(3) 闲置输入端的处理方法:

① 悬空,相当于正逻辑"1",对于一般小规模集成电路的数据输入端,使用时允许悬空处理。但易受外界干扰,导致电路的逻辑功能不正常。因此,对于接有长线的输入端,中规模及以上的集成电路和使用集成电路较多的复杂电路,所有控制输入端必须按逻辑要求接入电路,不允许悬空。

② 直接接电源电压 V_{CC}(也可以串入一只 1~10 kΩ 的固定电阻)或接至某一固定电压(2.4 V$\leqslant V\leqslant$4.5 V)的电源上。

③ 若前级驱动能力允许,可以与使用的输入端并联。

(4) 输入端通过电阻接地,电阻值的大小将直接影响电路所处的状态。当 $R\leqslant680$ Ω 时,输入端相当于逻辑"0";当 R$\geqslant$4.7 kΩ 时,输入端相当于逻辑"1"。对于不同系列的器件,要求的阻值不同。

(5) 输出端不允许并联使用(集电极开路门和三态输出门除外)。否则,不仅会使电路逻辑功能混乱,还会导致器件损坏。

(6) 输出端不允许直接接地或直接接 5 V 电源,否则将损坏器件,有时为了使后级电路获得较高的输出电平,允许输出端通过电阻 R 接至 V_{CC},一般取 $R=3\sim5.1$ kΩ。

2) CMOS 集成电路的使用规则

由于 CMOS 电路有很高的输入阻抗,这给使用者带来一定的麻烦,即外来的干扰信号很容易在一些悬空的输入端上感应出很高的电压,以至损坏器件。

(1) V_{DD}接电源正极,V_{SS}接电源负极(通常接地),不得接反。CC4000 系列的电源电压允许在 3～18 V 范围内选择,使用时一般要求在 5～15 V 范围内。

(2) 所有输入端一律不准悬空。

闲置输入端的处理方法:① 按照逻辑要求,直接接 V_{DD}(与非门)或 V_{SS}(或非门)。② 在工作频率不高的电路中,允许输入端并联使用。

(3) 输出端不允许直接与 V_{DD} 或 V_{SS} 连接,否则将导致器件损坏。

(4) 在装接电路,改变电路连接或插、拔电路时,均应切断电源,严禁带电操作。

(5) 焊接、测试和储存时的注意事项:

① 电路应存放在导电的容器内,有良好的静电屏蔽;

② 焊接时必须切断电源,电烙铁外壳必须良好接地,或拔下烙铁,靠其余热焊接;

③ 所有的测试仪器必须有良好的接地。

四、任务实施步骤

1. 非门 74LS04 逻辑功能测试

(1) 熟悉如图 3-2 所示集成非门电路的引脚分布,14 脚接 5 V 电源,7 脚接地。

(2) 将输入端"1A"接高电平"1",输出端"1Y"为低电平"0",发光二极管不亮,记为"0";将输入端"1A"端接低电平"0",输出端"1Y"为高电平"1",发光二极管亮,记为"1"。将测试结果填入表 3-1 中。

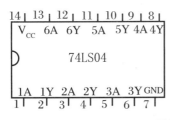

表 3-1　非门真值表

A	Y
0	
1	

图 3-2　74LS04 引脚图

2. 与非门 74LS00 逻辑功能测试

(1) 集成与非门 74LS00 引脚分布如图 3-3 所示,14 脚接 5 V 电源,7 脚接地。

(2) 将 2 个输入端"1A""1B"按电平的四种高低组合方式分别接"1""0",再将输出端"1Y"电平的高低情况填入表 3-2 中。同上,发光二极管亮表示输出端"1Y"为高电平"1";灭,则为低电平"0"。

与非门 74LS00
逻辑功能测试

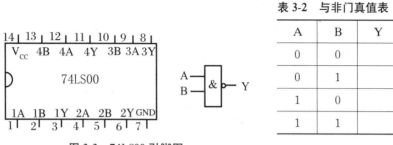

图 3-3　74LS00 引脚图

表 3-2　与非门真值表

A	B	Y
0	0	
0	1	
1	0	
1	1	

3. 或非门 74LS02 逻辑功能测试

（1）熟悉集成或非门引脚排列，如图 3-4 所示。

（2）将 2 个输入端"1A""1B"按表 3-3 所示组合方式分别接"1""0"，再在表 3-3 中"Y"栏中填上测试结果。

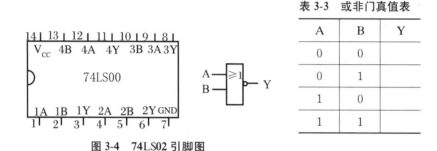

图 3-4　74LS02 引脚图

表 3-3　或非门真值表

A	B	Y
0	0	
0	1	
1	0	
1	1	

4. TTL 与非门的静态参数测试

（1）低电平输出电源电流 I_{CCL} 和高电平输出电源电流 I_{CCH} 及静态平均功耗 $\overline{P}$。

I_{CCL}：指所有输入端悬空，输出端空载时，电源提供器件的电流，也称空载导通电流。测试电路如图 3-5（a）所示。

I_{CCH}：指输出端空载，每个门至少有一个输入端接地，其余输入端悬空，电源提供器件的电流，也称空载截止电流。测试电路如图 3-5（b）所示。

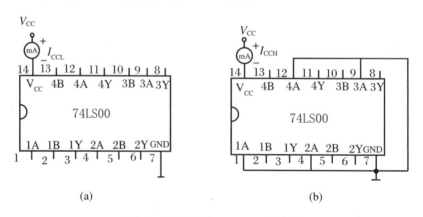

（a）　　　　　　　　　　　　　（b）

图 3-5　74LS00 的 I_{CCL}、I_{CCH} 测试图

$\overline{P}$：为电路空载导通功耗 P_{ON} 和空载截止功耗 P_{OFF} 的平均值。其值为

$$\overline{P} = \frac{P_{ON} + P_{OFF}}{2} = \frac{V_{CC}I_{CCL} + V_{CC}I_{CCH}}{2} \qquad (通常\ P_{ON} > P_{OFF})$$

（2）输入短路电流 I_{IS} 和输入漏电流 I_{IH}。

I_{IS}（或 I_{IL}）：指被测输入端接地，其余输入端和输出端悬空时，由被测输入端流出的电流，也称低电平输入电流。在由多级门构成的电路中，I_{IS} 相当于前级门输出低电平时，后级向前级门灌入的电流。因此，I_{IS} 关系到前级门的灌电流负载能力，I_{IS} 越小，前级门带负载的个数就越多。测试电路如图 3-6（a）所示。

I_{IH}：指被测输入端接高电平，其余输入端接地，输出端悬空时，流入被测输入端的电流，也称高电平输入电流。在由多级门构成的电路中，它相当于前级门输出高电平时，前级门的拉电流负载。I_{IH} 的大小关系到前级门的拉电流负载能力，I_{IH} 越小，前级门电路带负载的个数就越多。实际上，因 I_{IH} 较小，难以测量，一般免测试此项。测试电路如图 3-6（b）所示。

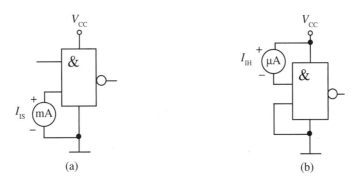

图 3-6　74LS00 的 I_{IS}、I_{IH} 测试图

（3）输出高电平 V_{OH} 和输出低电平 V_{OL}。

V_{OH}（或 V_{SH}）：是任一输入端接低电平时的输出端电平。测试电路如图 3-7（a）所示。通常 $U_{OH} \geqslant 2.7\ V$。

V_{OL}（或 V_{SL}）：是输入端全为高电平，输出端满载时的输出电平。测试电路如图 3-7（b）所示。门的输入端全部悬空。设扇出系数 N_O 为 8，每个负载门的低电平输入 I_{IL} 为 1.6 mA，则满载电流 $I_{OL} = 8 \times 1.6 = 12.8\ (mA)$，用图 3-7（b）中 1 kΩ 的电位器将 I_{OL} 调到此值。通常 $V_{OL} \leqslant 0.5\ V$。

（4）扇出系数 N_O。

N_O 指电路带动同类门的个数。它是衡量门电路负载能力的一个参数。TTL 与非门有两种不同性质的负载，即灌电流负载和拉电流负载，因此，有两种扇出系数，即低电平扇出系数 N_{OL} 和高电平扇出系数 N_{OH}。通常 $I_{IH} < I_{IL}$，则 $N_{OH} > N_{OL}$，故常以 N_{OL} 作为门的扇出系数。N_{OL} 的测试电路如图 3-7（b）所示，门的输入端全部悬空，输出端接灌电流负载 R_L，调节 R_L 使 I_{OL} 增大，U_{OL} 随之增高，当 U_{OL} 达到 0.5 V 时的 I_{OL} 就是允许灌入的最大负载电流，则 $N_{OL} = I_{OL} / I_{IL}$。通常 $N_{OL} \geqslant 8$。

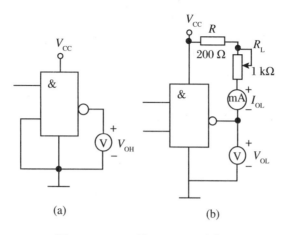

图 3-7 74LS00 的 V_{OH}、V_{OL} 测试图

将上述所有测试结果记入表 3-4 中。

表 3-4 TTL 与非门的静态参数测试

$I_{CCL}(\text{mA})$	$I_{CCH}(\text{mA})$	$\overline{P}(\text{mW})$	$I_{IS}(\text{mA})$	$I_{IH}(\mu A)$	$V_{OH}(\text{V})$	$V_{OL}(\text{V})$	N_O

5. 测试 TTL 与非门的电压传输特性

电压传输特性：指门的输出电压 u_o 随输入电压 u_i 而变化的曲线 $u_o = f(u_i)$。由电压传输特性可读出门电路的一些重要参数，如输出高电平 V_{OH}、输出低电平 V_{OL}、关门电平 V_{OFF}、开门电平 V_{ON}、阈值电平 V_{TH} 及抗干扰容限 V_{NL}、V_{NH} 等值。测试电路如图 3-8 所示，采用逐点测试法，即缓慢地调节 R_W，逐点测得 u_i 及 u_o，记入表 3-5 中，然后绘成曲线。

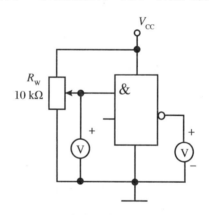

图 3-8 TTL 与非门电压传输特性测试图

表 3-5 TTL 与非门的电压传输特性

$u_i(\text{V})$	0	0.2	0.4	0.6	0.8	1	1.5	2	2.5	3	3.5	4	...
$u_o(\text{V})$													

6. 注意事项

（1）TTL 门电路对电源电压 V_{CC} 要求较严，只允许在 ±10% 的范围内工作，超过 5.5 V

将损坏器件,低于 4.5 V 器件的逻辑功能将不正常。

（2）用数字万用表测量电流、电压时,要注意表笔的正、负极和量程。测电流时红（＋）、黑（－）表笔串接在线路中,测电压时红（＋）、黑（－）表笔并接在线路中。

五、任务总结

（1）分析实验中出现的问题及解决办法。

（2）书写实验报告。

① 项目名称、目的要求。

② 仪器设备、材料和工具。

③ 项目实施步骤。

④ 数据记录及处理、结果分析。

学习情境 11　组合逻辑电路

任务 1　组合逻辑电路的分析与设计

一、任务实施目的

(1) 掌握组合逻辑电路的分析方法,并验证其逻辑功能。
(2) 掌握组合逻辑电路的设计方法,并能用最少的逻辑门实现之。

二、任务实施器材

(1) 电子综合实验台或试验箱(逻辑开关、逻辑电平显示、五功能逻辑笔)1 台。
(2) 数字万用表 1 台。
(3) 器件:74LS00(四 2 输入与非门)2 片、74LS86(四 2 输入异或门)1 片、74LS20(两 4 输入与非门)3 片。

三、任务原理分析

(1) 组合逻辑电路的分析:对已给定的组合逻辑电路分析其逻辑功能。
步骤:① 由给定的组合逻辑电路写逻辑表达式。
② 对逻辑表达式进行化简或变换。
③ 根据最简式列真值表。
④ 确定逻辑功能。
(2) 组合逻辑电路的设计:就是按照具体逻辑命题设计出最简单的组合逻辑电路。
步骤:① 根据给定事件的因果关系列出真值表。
② 由真值表写逻辑表达式。
③ 对逻辑表达式进行化简或变换。
④ 画出逻辑图,并测试逻辑功能。
掌握了上述的分析方法和设计方法,即可对一般电路进行分析、设计,从而可以正确地使用被分析的电路以及设计出能满足逻辑功能和技术指标要求的电路。

四、任务实施步骤

1. 组合逻辑电路的逻辑功能分析

(1) 测试图 3-9 所示电路的逻辑功能。

① 用一片 74LS00 和一片 74LS86 组成图 3-9 所示的逻辑电路。为便于接线和检查,在图上要注明芯片编号及各引脚号。

② 图中 A、B 接电平开关,Z 接电平显示灯。

③ 写出 Z 逻辑函数式。按表 3-6 要求,改变 A、B 的状态,测出相应输出状态及输出电压并填入表中,并将运算结果与实验比较。

表 3-6　真值表(1)

输	入	输	出
A	B	Z	电压(V)
0	0		
0	1		
1	0		
1	1		

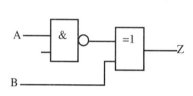

图 3-9　组合逻辑电路的逻辑功能测试图(1)

(2) 测试图 3-10 所示电路的逻辑功能。

① 用两片 74LS00 组成图 3-10 所示的逻辑电路。在图上注明芯片编号及各引脚号。

② 图中 A、B 接电平开关,Z 接电平显示灯。

③ 写出 Z 逻辑函数式。按表 3-7 要求,改变 A、B 的状态,测出相应输出状态及输出电压并填入表中,并将运算结果与实验比较。

表 3-7　真值表(2)

输	入	输	出
A	B	Z	电压(V)
0	0		
0	1		
1	0		
1	1		

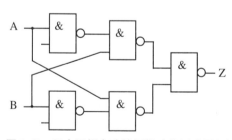

图 3-10　组合逻辑电路的逻辑功能测试图(2)

2. 设计下列组合逻辑电路

(1) 在一个射击游戏中,每人可打三枪,一枪打鸟(A),一枪打鸡(B),一枪打兔子(C)。规则是:打中两枪并且其中有一枪必须是打中鸟者得奖(Z)。试用与非门设计判断得奖的电路,并在实验台上实现该电路。

解:首先进行逻辑化,规定打中为"1",打不中为"0";得奖为"1",不得奖为"0"。然后根据要求列出真值表如表 3-8 所示。

表 3-8　射击游戏真值表

A	B	C	Z	A	B	C	Z
0	0	0	0	1	0	0	0
0	0	1	0	1	0	1	1
0	1	0	0	1	1	0	1
0	1	1	0	1	1	1	1

由真值表写出逻辑表达式：$Z = A\overline{B}C + AB\overline{C} + ABC$。

化简得

$$Z = A\overline{B}C + AB\overline{C} + ABC$$
$$= A\overline{B}C + AB = A(B + \overline{B}C)$$
$$= A(B + C) = AB + AC$$
$$= \overline{\overline{AB} \cdot \overline{AC}}$$

由逻辑表达式画出逻辑电路图，如图 3-11 所示。

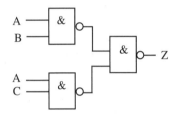

图 3-11　射击游戏逻辑电路图

**组合逻辑电路设计 –
三人表决电路设计
与测试**

(2) 用"与非"门设计一个三人表决电路，并在实验台上实现该电路。

解：我们用 A、B、C 表示三位选举人，并规定投赞成票为"1"，投反对票为"0"，用 Z 表示被选举人，并规定选上为"1"，没选上为"0"。然后根据题意列出真值表如表 3-9 所示，再将真值表转换为卡诺图（表 3-10）化简逻辑函数。

表 3-9　三人表决电路真值表

A	0	0	0	0	1	1	1	1
B	0	0	1	1	0	0	1	1
C	0	1	0	1	0	1	0	1
Z	0	0	0	1	0	1	1	1

表 3-10　卡诺图

A＼BC	0	01	11	10
0			1	
1		1	1	1

由卡诺图得出逻辑表达式，并转化成"与非"的形式：

$$Z = BC + AC + AB = \overline{\overline{AB} \cdot \overline{AC} \cdot \overline{BC}}$$

根据逻辑表达式画出用"与非门"构成的逻辑电路,如图 3-12 所示。

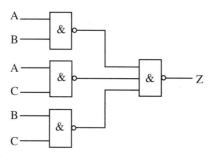

图 3-12　表决逻辑电路

五、任务总结

(1) 分析实验中出现的问题。

(2) 说说你对组合逻辑电路分析与设计的体会。

(3) 书写实验报告。

任务 2　编码器及其应用

一、任务实施目的

(1) 学会正确使用中规模集成组合逻辑电路。

(2) 掌握编码器的工作原理和使用方法,学会测试其逻辑功能。

二、任务实施器材

(1) 电子综合实验台或试验箱(逻辑开关、逻辑电平显示、五功能逻辑笔)1 台。

(2) 数字万用表 1 台。

(3) 器件:74LS148(8 线-3 线优先编码器)2 片。

三、任务原理分析

在数字系统中,常常需要将某一信息变换为特定的代码,有时又需要在一定的条件下将代码翻译出来作为控制信号,这分别由编码器和译码器来实现。

编码是用一定位数的二进制数来表示十进制数码、字母、符号等信息的过程。编码器是实现编码功能的电路。编码器是多输入、多输出的组合逻辑电路，在任何时候都只有一组二进制代码输出。对于普通编码器，在任一时刻只允许有一个输入信号请求编码，对于优先编码器，在任一时刻允许有多个输入信号同时请求编码，但只对其中优先级最高的那个输入信号进行编码。编码器有二进制编码器、二-十进制编码器和优先编码器三种。

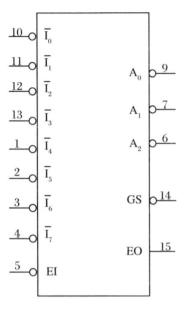

图 3-13　74LS148 优先编码器

常用的集成优先编码器有 8 线-3 线（例如 54/74 系列的 148,348）和 10 线-4 线（例如 54/74 系列的 147）编码器。本实验采用的优先编码器集成电路 74LS148,74LS148 是 8 线-3 线优先编码器，其逻辑图如图 3-13 所示。

该编码器有 8 个信号输入端，低电平有效,3 个二进制码输出端，反码输出。此外，电路还设置了输入使能端 EI，输出使能端 EO 和优先编码工作状态标志 GS。

当 EI＝0 时，编码器工作；而当 EI＝1 时，则不论 8 个输入端为何种状态,3 个输出端均为高电平，且优先标志端和输出使能端均为高电平，编码器处于非工作状态。这种情况被称为输入低电平有效。当 EI 为 0，且至少有一个输入端有编码请求信号（逻辑 0）时，优先编码工作状态标志 GS 为 0，表明编码处于工作状态，否则为 1。由功能表 3-11 可知，在 8 个输入端均无低电平输入信号和只有输入 0 端（优先级别最低位）有低电平输入时,$A_2 A_1 A_0 =111$，出现了输入条件不同而输出代码相同的情况，这可由 GS 的状态加以区别：当 GS ＝1 时，表示 8 个输入端均无低电平输入，此时 $A_2 A_1 A_0 =111$ 为非编码输出；GS ＝0 时，$A_2 A_1 A_0 =111$ 表示响应输入 0 的输出代码，$A_2 A_1 A_0 =111$ 为编码输出。EO 只有在 EI＝0，且所有输入端都为 1 时，输出为 0，它可与另一片同样器件的 EI 连接，以便组成更多输入端的优先编码器。

表 3-11　74LS148 功能表

输入									输出				
EI	$\bar{I}_0$	$\bar{I}_1$	$\bar{I}_2$	$\bar{I}_3$	$\bar{I}_4$	$\bar{I}_5$	$\bar{I}_6$	$\bar{I}_7$	A_2	A_1	A_0	GS	EO
1	×	×	×	×	×	×	×	×	1	1	1	1	1
0	1	1	1	1	1	1	1	1	1	1	1	1	0
0	×	×	×	×	×	×	×	0	0	0	0	0	1
0	×	×	×	×	×	×	0	1	0	0	1	0	1
0	×	×	×	×	×	0	1	1	0	1	0	0	1
0	×	×	×	×	0	1	1	1	0	1	1	0	1
0	×	×	×	0	1	1	1	1	1	0	0	0	1
0	×	×	0	1	1	1	1	1	1	0	1	0	1
0	×	0	1	1	1	1	1	1	1	1	0	0	1
0	0	1	1	1	1	1	1	1	1	1	1	0	1

从功能表不难看出,输入端优先级别的次序依次为 $\bar{I}_7$、$\bar{I}_6$、$\bar{I}_5$、$\bar{I}_4$、$\bar{I}_3$、$\bar{I}_2$、$\bar{I}_1$、$\bar{I}_0$。输入有效信号为低电平,当某一输入端有低电平输入,且比它优先级别高的输入端无低电平输入时,输出端才输出其相对应的代码。例如,输入 $\bar{I}_5$ 为 0,且优先级别比它高的输入 $\bar{I}_6$ 和输入 $\bar{I}_7$ 均为 1 时,输出代码为 010(101 的反码),这就是优先编码器的工作原理。

四、任务实施步骤

(1) 验证优先编码器 74LS148 的逻辑功能。

(2) 用两片 74LS148 扩展成一个 16 线-4 线编码器,如图 3-14 所示。在实验台上实现之。

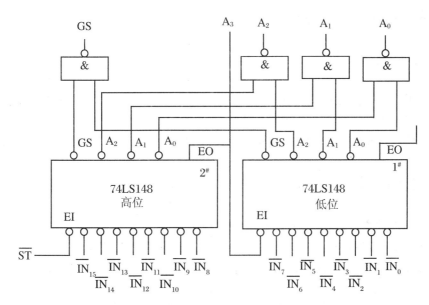

图 3-14　两片 74LS148 扩展成 16 线-4 线编码器电路图

五、任务总结

(1) 想一想如何用 74LS148 实现抢答器的设计。

(2) 分析实验中出现的问题,总结编码器的使用体会。

(3) 书写实验报告。

任务 3　译码器及其应用

一、任务实施目的

（1）学会正确使用中规模集成组合逻辑电路。掌握译码器、数码显示器的工作原理和使用方法。

（2）掌握译码器及其应用，学会测试其逻辑功能。

二、任务实施器材

（1）电子综合实验台或试验箱（逻辑开关、逻辑电平显示、五功能逻辑笔）1 台。

（2）数字万用表 1 台。

（3）器件：74LS138（3 线-8 线译码器）2 片、74LS247 显示译码器 1 片、共阳数码管 1 片。

三、任务原理分析

译码是编码的逆过程，即把输入的二进制代码"翻译"成相应的输出信号或另一种代码。实现译码操作的电路称译码器（Decoder）。按照功能的不同，可以把译码器分为 2 种：通用译码器和显示译码器，其中通用译码器又可分为二进制译码器和二-十进制译码器。

译码器主要用于代码的转换、终端的数字显示、数据分配、存储器寻址与组合信号控制等。

1. 二进制译码器

3 线-8 线译码器 74LS138 是一个常用的二进制译码器，图 3-15 为其引脚排列图。其中 A_2、A_1、A_0 为地址输入端，$\overline{Y}_0 \sim \overline{Y}_7$ 为译码输出端，S_1、$\overline{S}_2$、$\overline{S}_3$ 为使能端。表 3-12 为 74LS138 功能表。当 $S_1 = 1$，$\overline{S}_2 + \overline{S}_3 = 0$ 时，器件使能，地址码所对应的输出端有信号（为 0）输出，其他所有输出端均无信号（全为 1）输出。当 $S_1 = 0$，$\overline{S}_2 + \overline{S}_3 = \times$ 时，或 $S_1 = \times$，$\overline{S}_2 + \overline{S}_3 = 1$ 时，译码器被禁止，所有输出同时为 1。

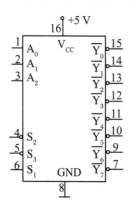

图 3-15　74LS138 引脚排列图

表 3-12　74LS138 功能表

输入					输出							
S_1	$\overline{S}_2 + \overline{S}_3$	A_2	A_1	A_0	$\overline{Y}_0$	$\overline{Y}_1$	$\overline{Y}_2$	$\overline{Y}_3$	$\overline{Y}_4$	$\overline{Y}_5$	$\overline{Y}_6$	$\overline{Y}_7$
1	0	0	0	0	0	1	1	1	1	1	1	1
1	0	0	0	1	1	0	1	1	1	1	1	1

输入					输出							
S_1	$\overline{S}_2 + \overline{S}_3$	A_2	A_1	A_0	$\overline{Y}_0$	$\overline{Y}_1$	$\overline{Y}_2$	$\overline{Y}_3$	$\overline{Y}_4$	$\overline{Y}_5$	$\overline{Y}_6$	$\overline{Y}_7$
1	0	0	1	0	1	1	0	1	1	1	1	1
1	0	0	1	1	1	1	1	0	1	1	1	1
1	0	1	0	0	1	1	1	1	0	1	1	1
1	0	1	0	1	1	1	1	1	1	0	1	1
1	0	1	1	0	1	1	1	1	1	1	0	1
1	0	1	1	1	1	1	1	1	1	1	1	0
0	×	×	×	×	1	1	1	1	1	1	1	1
×	1	×	×	×	1	1	1	1	1	1	1	1

2. 数码显示器

数码显示器,简称数码管,是用来显示数字、文字或符号的器件。目前广泛使用的是七段数码显示器。七段数码显示器由 a~g 等七段可发光的线段拼合而成,控制各段的亮或灭可以显示不同的字符或数字。

七段数码显示器有发光二极管(LED)数码管和液晶显示器(LCD)两种。LED 数码管分为共阴极数码管和共阳极数码管,目前使用最广泛。图 3-16 (a)、(b)分别为共阴极数码管和共阳极数码管的内部结构图路,图 3-16 (c)为它们的引脚图。

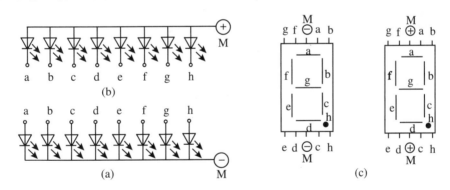

图 3-16　LED 数码管内部结构和引脚图

3. 显示译码器

显示译码器可以将数字、文字或符号的代码译成可以直接驱动显示器件的代码输出。比如把 8421BCD 码经内部电路翻译成七段(a、b、c、d、e、f、g)输出,直接驱动 LED,显示十进制数。此类译码器型号有 74LS47、74LS48、CC4511 及 74LS247 等,下面以 74LS247 为例来介绍这类译码器的原理与使用。图 3-17 是 74LS247 的引脚图。74LS247 的输出是低电平有效,驱动共阳极数码管,显示十进制数。表 3-13 为 74LS247 功能表。其中:

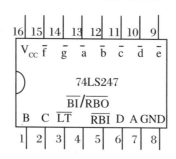

图 3-17   74LS247 引脚图

DCBA——8421BCD 码输入端。

$\overline{abcdefg}$——译码输出端,输出"0"有效,用来驱动共阳极 LED 数码管。

$\overline{LT}$——试灯端,$\overline{LT}$ = "0"时,译码输出全为"0",输出显示 8。

$\overline{BI}/\overline{RBO}$——消隐输入/灭零输出。

$\overline{RBI}$——灭零输入,当 D~A = 0000,$\overline{RBI}_D$ = 0 时,则灭灯;使用时注意 74LS247 驱动共阳极数码管,输出与数码管之间要接入 560 Ω 左右的限流电阻。

表 3-13   74LS247 功能表

功能或数字	输入							输出	显示
	$\overline{LT}$	$\overline{RBI}$	D	C	B	A	$\overline{BI}/\overline{RBO}$	$\overline{abcdefg}$	字形
灭灯	×	×	×	×	×	×	0	1111111	消隐
试灯	0	×	×	×	×	×	1	0000000	8
动态灭零	1	0	0	0	0	0	0	1111111	灭零
0	1	1	0	0	0	0	1	0000001	0
1	1	×	0	0	0	1	1	1001111	1
2	1	×	0	0	1	0	1	0010010	2
3	1	×	0	0	1	1	1	0000110	3
4	1	×	0	1	0	0	1	1001100	4
5	1	×	0	1	0	1	1	0100100	5
6	1	×	0	1	1	0	1	0100000	6
7	1	×	0	1	1	1	1	0001111	7
8	1	×	1	0	0	0	1	0000000	8
9	1	×	1	0	0	1	1	0000100	9

四、任务实施步骤

1. 74LS138 译码器的应用

(1) 功能测试。

将译码器使能端 S_1、$\overline{S}_2$、$\overline{S}_3$ 及地址端 A_2、A_1、A_0 分别接至逻辑电平开关输出口,八个输出端 $\overline{Y}_7$,…,$\overline{Y}_0$ 依次连接在逻辑电平显示器的八个输入口上,拨动逻辑电平开关,按表 3-12 逐项测试 74LS138 的逻辑功能。

（2）扩展。

用两片 74LS138 通过级联实现 4 线-16 线译码，如图 3-18 所示。

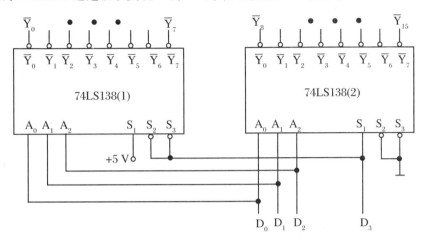

图 3-18　用两片 74LS138 组合成 4 线-16 线译码器

（3）用作数据分配器。

在数据传输系统中，经常需要将总线中的数据传输到多个支路中的一路上去，传往支路中的哪一路，由地址来决定，这种装置叫作数据分配器，图 3-19 为数据分配器的示意图。

在数字电路中，可以用译码器来实现数据分配的作用，根据译码器的输出逻辑表达式：

$$\overline{Y}_i = \overline{m_i \cdot S_1 \cdot \overline{\overline{S}_2} \cdot \overline{\overline{S}_3}}$$

其中 m_i 是地址代码所对应的最小项。若在 S_1 输入端输入数据信息，$\overline{S}_2 = \overline{S}_3 = 0$，地址码所对应的输出便是 S_1 数据信息的反码；若从 $\overline{S}_2$ 端输入数据信息，令 $S_1 = 1$，$\overline{S}_3 = 0$，地址码所对应的输出就是 $\overline{S}_2$ 端数据信息的原码。若数据信息是时钟脉冲，则数据分配器便成为时钟脉冲分配器。图 3-20 为用 74LS138 实现数据分配器的电路图。

译码器 74LS138 应用 -
实现组合逻辑函数
三人表决电路设计
与测试

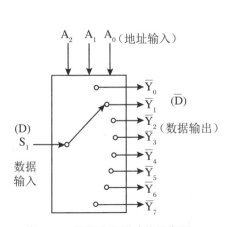

图 3-19　数据分配器功能示意图

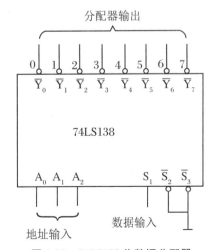

图 3-20　74LS138 作数据分配器

（4）实现组合逻辑函数——三人表决电路。

用 A、B、C 表示三位选举人，并规定投赞成票为"1"，投反对票为"0"，用 Z 表示被选举人，并规定选上为"1"，没选上为"0"。然后根据题意列出真值表如表 3-9 所示，由真值表写出逻辑表达式并化简，依据化简结果画出电路图。

表 3-14　三人表决电路真值表

A	0	0	0	0	1	1	1	1
B	0	0	1	1	0	0	1	1
C	0	1	0	1	0	1	0	1
Z	0	0	0	1	0	1	1	1

$$Z = \overline{A}BC + A\overline{B}C + AB\overline{C} + ABC$$
$$= m_3 + m_5 + m_6 + m_7$$
$$= \overline{\overline{m_3} \cdot \overline{m_5} \cdot \overline{m_6} \cdot \overline{m_7}}$$

实现电路如图 3-21 所示。

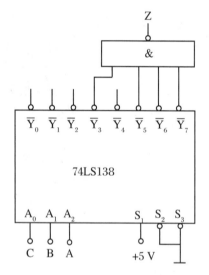

图 3-21　74LS138 实现逻辑函数
——三人表决电路

显示译码器
74LS247 测试

2. 显示译码器 74LS247 的应用

将 74LS247 的四位代码输入端 DCBA 接逻辑电平输出，输出端 $\overline{a}\,\overline{b}\,\overline{c}\,\overline{d}\,\overline{e}\,\overline{f}\,\overline{g}$ 经 560 Ω 的限流电阻接数码管对应的输入端，接通电源，拨出代码 0000～1001，即可显示数字 0～9。

五、任务总结

（1）分析实验中出现的问题，总结译码器的使用方法及注意事项。

（2）书写实验报告。

任务4　数据选择器与数据分配器

一、任务实施目的

(1) 掌握中规模集成数据选择器的逻辑功能及使用方法。

(2) 学习用数据选择器构成组合逻辑电路的方法。

二、任务实施器材

(1) 电子综合实验台或试验箱(逻辑开关、逻辑电平显示、五功能逻辑笔)1 台。

(2) 器件:74LS151(8 选 1 数据选择器)1 片、74LS153(双 4 选 1 数据选择器)1 片。

三、任务原理分析

数据选择器又叫"多路开关"。数据选择器在地址码(或叫选择控制、地址输入)电位的控制下,从几个数据输入中选择一个并将其送到一个公共的输出端。数据选择器的功能类似一个多掷开关,如图 3-22 所示,图中有四路数据 $D_0 \sim D_3$,通过选择控制信号 A_1、A_0(地址码)从四路数据中选中某一路数据送至输出端 Q。

数据选择器是目前逻辑设计中应用十分广泛的逻辑部件,它有 2 选 1、4 选 1、8 选 1、16 选 1 等类别。

1. 8 选 1 数据选择器 74LS151

74LS151 为互补输出的 8 选 1 数据选择器,引脚排列如图 3-23 所示,功能表如表 3-15 所示。由功能表可得出逻辑函数表达式

$F = \overline{A_2}\,\overline{A_1}\,\overline{A_0} D_0 + \overline{A_2}\,\overline{A_1} A_0 D_1 + \overline{A_2} A_1 \,\overline{A_0} D_2 + \overline{A_2} A_1 A_0 D_3 + A_2 \,\overline{A_1}\,\overline{A_0} D_4 + A_2 \,\overline{A_1} A_0 D_5 + A_2 A_1 \,\overline{A_0} D_6 + A_2 A_1 A_0 D_7$

选择控制端(地址端)为 $A_2 \sim A_0$,按二进制译码,从 8 个输入数据 $D_0 \sim D_7$ 中,选择一个需要的数据送到输出端 Q,$\overline{S}$ 为使能端,低电平有效。

(1) 使能端 $\overline{S} = 1$ 时,不论 $A_2 \sim A_0$ 状态如何,均无输出($Q = 0$,$\overline{Q} = 1$),多路开关被禁止。

(2) 使能端 $\overline{S} = 0$ 时,多路开关正常工作,根据地址码 A_2、A_1、A_0 的状态选择 $D_0 \sim D_7$ 中某一个通道的数据输送到输出端 Q。

如 $A_2 A_1 A_0 = 000$,则选择 D_0 数据到输出端,即 $Q = D_0$。

如 $A_2 A_1 A_0 = 001$,则选择 D_1 数据到输出端,即 $Q = D_1$,其余类推。

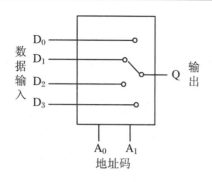

图 3-22　4 选 1 数据选择器示意图

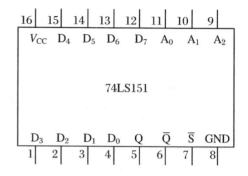

图 3-23　74LS151 引脚排列

表 3-15　74LS151 功能表

输　入				输　出	
$\overline{S}$	A_2	A_1	A_0	Q	$\overline{Q}$
1	×	×	×	0	1
0	0	0	0	D_0	$\overline{D_0}$
0	0	0	1	D_1	$\overline{D_1}$
$\overline{S}$	A_2	A_1	A_0	Q	$\overline{Q}$
0	0	1	0	D_2	$\overline{D_2}$
0	0	1	1	D_3	$\overline{D_3}$
0	1	0	0	D_4	$\overline{D_4}$
0	1	0	1	D_5	$\overline{D_5}$
0	1	1	0	D_6	$\overline{D_6}$
0	1	1	1	D_7	$\overline{D_7}$

2. 双 4 选 1 数据选择器 74LS153

所谓双 4 选 1 数据选择器就是在一块集成芯片上有两个 4 选 1 数据选择器。引脚排列如图 3-24 所示,功能如表 3-16 所示。

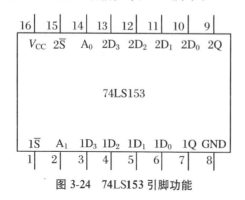

图 3-24　74LS153 引脚功能

表 3-16　74LS153 功能表

输入			输出
$\overline{S}$	A_1	A_0	Q
1	×	×	0
0	0	0	D_0
0	0	1	D_1
0	1	0	D_2
0	1	1	D_3

$1\overline{S}$、$2\overline{S}$ 为两个独立的使能端;A_1、A_0 为公用的地址输入端;$1D_0 \sim 1D_3$ 和 $2D_0 \sim 2D_3$ 分别

为两个 4 选 1 数据选择器的数据输入端；1Q、2Q 为两个输出端。当使能端为 1 时，多路开关被禁止，输出 Q＝0。当使能端为 0 时，多路开关正常工作，根据地址码 A_1、A_0 的状态，将相应的数据 $D_0 \sim D_3$ 送到输出端 Q。

3. 数据选择器的应用——实现逻辑函数

用数据选择器实现组合逻辑函数时，应注意逻辑函数的变量个数与数据选择器地址输入端个数是否相等。当逻辑函数的变量个数与数据选择器地址输入端个数相等时，可直接用数据选择器来实现所要实现的逻辑函数。当逻辑函数的变量个数多于数据选择器选择地址输入端数目时，应分离出多余变量作为数据端，将余下的变量分别有序地加到数据选择器的数据输入端。当函数输入变量小于数据选择器的地址输入端时，应将不用的地址输入端及不用的数据输入端都接地。

8 选 1 数据选择器
74LS151 应用－实现
组合逻辑函数三人表
决电路设计与测试

例 1　用 8 选 1 数据选择器 74LS151 实现函数三人表决电路。

采用 8 选 1 数据选择器 74LS151 可直接实现任意三输入变量的组合逻辑函数。

用 A、B、C 表示三位选举人，并规定投赞成票为"1"，投反对票为"0"，用 Z 表示被选举人，并规定选上为"1"，没选上为"0"。然后根据题意列出真值表如表 3-17 所示，由真值表写出逻辑表达式并化简，依据化简结果画出电路图。

表 3-17　三人表决电路真值表

A	0	0	0	0	1	1	1	1
B	0	0	1	1	0	0	1	1
C	0	1	0	1	0	1	0	1
Z	0	0	0	1	0	1	1	1

将此真值表与 74LS151 功能表相比较，可知：① 将输入变量 A、B、C 作为 8 选 1 数据选择器的地址码 A_2、A_1、A_0。② 使 8 选 1 数据选择器的各数据输入 $D_0 \sim D_7$ 分别与三人表决电路输出 Z 值一一对应。即 $A_2 A_1 A_0 = ABC$，$D_0 = D_1 = D_2 = D_4 = 0$，$D_3 = D_5 = D_6 = D_7 = 1$，接线图如图 3-25 所示。

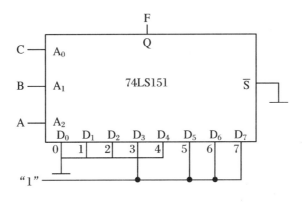

图 3-25　用 8 选 1 数据选择器实现三人表决电路

显然，采用具有 n 个地址端的数据选择实现 n 变量的逻辑函数时，应将函数的输入变量加到数据选择器的地址输入端（A），选择器的数据输入端（D）按次序以函数 F 输出值来赋值。

例 2 用 8 选 1 数据选择器 74LS151 实现函数 $F = A\overline{B} + B\overline{A}$。

(1) 列出函数 F 的功能表如表 3-18 所示。

(2) 将 A、B 加到地址端 A_1、A_0，而 A_2 接地。由表 3-4 可知，将 D_1、D_2 接"1"，D_0、D_3 接地，其余用不着的数据输入端 $D_4 \sim D_7$ 也都接地，则 8 选 1 数据选择器的输出 Q 便实现了函数 $F = A\overline{B} + B\overline{A}$。接线图如图 3-26 所示。

表 3-18　功能表

A	B	F
0	0	0
0	1	1
1	0	1
1	1	0

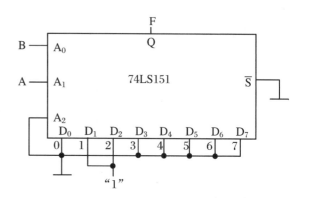

图 3-26　用 8 选 1 数据选择器实现
$F = A\overline{B} + B\overline{A}$ 的接线图

显然，当函数输入变量数小于数据选择器的地址输入端(A)时，应将不用的地址输入端及不用的数据输入端(D)都接地。

例 3 用 4 选 1 数据选择器 74LS153 实现函数 $F = \overline{A}BC + A\overline{B}C + AB\overline{C} + ABC$(三人表决电路)。

函数 F 的功能表如表 3-19 所示。函数 F 有三个输入变量 A、B、C，而数据选择器只有两个地址输入端 A_1、A_0，少于函数输入变量个数，在设计时可任选 A 接 A_1，B 接 A_0。将函数功能表改成表 3-20 的形式。由表 3-19 不难看出：令 $D_0 = 0$，$D_1 = D_2 = C$，$D_3 = 1$，4 选 1 数据选择器的输出 Q 便实现了函数 $F = \overline{A}BC + A\overline{B}C + AB\overline{C} + ABC$。接线图如图 3-27 所示。

表 3-19　功能表

输　　　入			输出
A	B	C	F
0	0	0	0
0	0	1	0
0	1	0	0
0	1	1	1
1	0	0	0
1	0	1	1
1	1	0	1
1	1	1	1

表 3-20　改后的功能表

输　　　入			输出	中　选
A	B	C	F	数据端
0	0	0	0	$D_0 = 0$
		1	0	
0	1	0	0	$D_1 = C$
		1	1	
1	0	0	0	$D_2 = C$
		1	1	
1	1	0	1	$D_3 = 1$
		1	1	

显然，当函数输入变量大于数据选择器地址输入端(A)时，应分离出多余变量作为数据端，将余下的变量分别有序地加到数据选择器的数据输入端。可能随着选用函数输入变量

作地址的方案不同,而使其设计结果不同,使用时需对几种方案比较,以获得最佳方案。

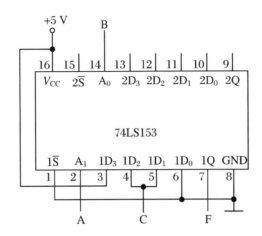

图 3-27　用 4 选 1 数据选择器实现 $F = \overline{A}BC + A\overline{B}C + AB\overline{C} + ABC$

4. 数据分配器

与选择器功能相反,它将一路数据输入从多路输出,又称多路分配器。具体从哪一路输出由地址码决定。

值得注意的是厂家不生产数据分配器电路,因为数据分配器实际上就是译码器(分段显示译码器除外)的一种特殊应用。应指出的是作为数据分配器使用的译码器必须具有"使能"端,且"使能"端要作为数据输入端使用,而译码器的输入端要作为通道选择地址码输入端,译码器的输出端就是分配器的输出端。作为数据分配器使用的译码器通常是二进制译码器。

译码器作数据分配器应用见学习情境 11 中的"任务 3　译码器及其应用"。

四、任务实施步骤

1. 测试数据选择器 74LS151 和 74LS153 的逻辑功能
按功能表逐项进行测试,记录测试结果。

2. 用 8 选 1 数据选择器 74LS151 设计三人表决电路
(1)写出设计过程。
(2)画出接线图。
(3)验证逻辑功能。

3. 用双 4 选 1 数据选择器 74LS153 实现全加器
(1)写出设计过程。
(2)画出接线图。
(3)验证逻辑功能。

五、任务总结

用数据选择器对实验内容进行设计、写出设计全过程、画出接线图、进行逻辑功能测试;总结实验收获、体会。

学习情境 12　时序逻辑电路

任务 1　触发器及其应用

一、任务实施目的

（1）掌握基本 D 触发器、JK 触发器逻辑功能及其测试方法。
（2）掌握不同触发器间相互转换的方法。
（3）学会正确使用集成触发器。

二、任务实施器材

（1）电子综合实验台或实验箱（逻辑开关、逻辑电平显示、五功能逻辑笔、单次脉冲源、连续脉冲源）1 台。
（2）数字万用表 1 台。
（3）器件：74LS74（双上升沿触发 D 触发器）1 片、74LS112（双下降沿触发 JK 触发器）1 片、74LS00（四 2 输入与非门）1 片。

四、任务原理分析

（1）触发器是具有记忆功能能存储数字信息的最常用的一种基本单元电路，是构成时序逻辑电路的基本逻辑部件。触发器具有两个稳定的状态：0 状态和 1 状态；在适当触发信号作用下，触发器的状态发生翻转，即触发器可由一个稳态转换到另一个稳态。当输入触发信号消失后，触发器翻转后的状态保持不变（记忆功能）。

（2）根据电路功能的不同，触发器有 RS 触发器、D 触发器、JK 触发器、T 触发器、T′触发器等类型；根据电路结构的不同，触发器有基本 RS 触发器、钟控触发器、主从触发器、边沿触发器等类型。

（3）集成触发器的主要产品是 D 触发器和 JK 触发器，其他功能的触发器可由 D 触发器、JK 触发器进行转换。

四、任务实施步骤

1. D 触发器功能测试

（1）双上升沿触发 D 触发器 74LS74 引脚排列见附录。

（2）将引脚 $\overline{S}_D$、$\overline{R}_D$ 和 D 接逻辑电平开关，CP 端接单次脉冲源，Q、$\overline{Q}$ 端接逻辑电平指示灯。按表 3-21 顺序输入信号，观察记录 Q、$\overline{Q}$ 端状态，填入表中，并说明其逻辑功能。

表 3-21　74LS74 实验表格

$\overline{S}_D$	$\overline{R}_D$	CP	D	Q^n	Q^{n+1}	$\overline{Q^{n+1}}$	逻辑功能
0	1	×	×	×			
1	0	×	×	×			
1	1	↑ (0→1)	0	0			
				1			
1	1	↑ (0→1)	1	0			
				1			

2. JK 触发器功能测试

触发器功能测试

（1）双下降沿触发 JK 触发器 74LS112 的引脚排列见附录。

（2）将引脚 $\overline{S}_D$、$\overline{R}_D$、J 和 K 接逻辑电平开关，CP 端接单次脉冲源，Q、$\overline{Q}$ 端接逻辑电平指示灯，按表 3-22 顺序输入信号，观察记录 Q、$\overline{Q}$ 端状态，填入表中，并说明其逻辑功能。

表 3-22　74LS112 实验表格

$\overline{S}_D$	$\overline{R}_D$	CP	J	K	Q^n	Q^{n+1}	$\overline{Q^{n+1}}$	逻辑功能
0	1	×	×	×	×			
1	0	×	×	×	×			
1	1	↓ (1→0)	0	0	0			
					1			
1	1	↓ (1→0)	0	1	0			
					1			
1	1	↓ (1→0)	1	0	0			
					1			
1	1	↓ (1→0)	1	1	0			
					1			

3．不同触发器之间的转换

集成触发器的主要产品是 D 触发器和 JK 触发器,集成产品中没有 T 触发器和 T′触发器,要实现 T 触发器和 T′触发器的逻辑功能,可由 D 触发器或 JK 触发器构成。将 D 触发器的输入端 D 连到其输出端 Q,就构成了 T′触发器。将 JK 触发器的 J、K 端连在一起作为输入信号 T,就能构成了 T 触发器;J、K 端连在一起输入高电平(或悬空),就构成了 T′触发器。当然,D 触发器和 JK 触发器之间也可以相互转换。

(1) JK 触发器转换成 T 触发器和 T′触发器。如图 3-28(a)所示,测试 T 触发器功能并将测试结果填入表 3-23 中。

由功能表可见,当 T＝0 时,时钟脉冲作用后,其状态保持不变;当 T＝1 时,时钟脉冲作用后,触发器状态翻转。所以,若将 T 触发器的 T 端置"1",如图 3-28(b)所示,即得 T′触发器。在 T′触发器的 CP 端每来一个 CP 脉冲信号,触发器的状态就翻转一次,广泛用于计数电路中。按图 3-28(b)连接并测试其功能。

表 3-23　T 触发器实验表格

输入				输出
$\overline{S}_D$	$\overline{R}_D$	CP	T	Q^{n+1}
0	1	×	×	
1	0	×	×	
1	1	↓		0
1	1	↓		1

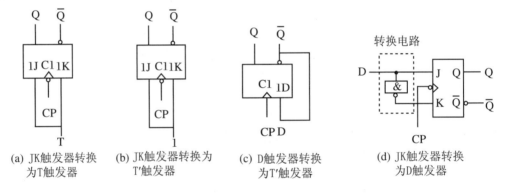

(a) JK触发器转换　(b) JK触发器转换为　(c) D触发器转换　(d) JK触发器转换
　　为T触发器　　　　T′触发器　　　　　为T′触发器　　　　为D触发器

图 3-28　各触发器相互转换图

(2) D 触发器转换成 T′触发器。如图 3-28(c)所示,连接并测试其功能。

(3) JK 触发器转换成 D 触发器。如图 3-28(d)所示,连接并测试其功能。

五、任务总结

(1) 写出各触发器特性方程。

(2) 总结边沿触发器的特点。

(3) 书写实验报告。

任务 2　寄存器及其应用

一、任务实施目的

(1) 掌握中规模 4 位双向移位寄存器逻辑功能及使用方法。

(2) 熟悉移位寄存器的应用——实现数据的串行、并行转换和构成环形计数器。

二、任务实施器材

(1) 电子综合实验台或实验箱(逻辑开关、逻辑电平显示、五功能逻辑笔、单次脉冲源、连续脉冲源)1 台。

(2) 数字万用表 1 台。

(3) 双踪示波器 1 台。

(4) 器件:74LS194(4 位双向通用移位寄存器)2 片、74LS00(四 2 输入与非门)1 片、74LS30(8 输入与非门)1 片。

三、任务原理分析

寄存器和锁存器是一类重要的时序逻辑部件,应用及其广泛。一般寄存器和锁存器只能暂存数码而不能移位;移位寄存器不但能够暂存数码而且能够使数码在寄存器内向左或向右移动。

既能左移又能右移的移位寄存器称为双向移位寄存器,使用时只需要改变左、右移的控制信号便可实现双向移位要求。移位寄存器根据存取信息的方式不同分为串入串出、串入并出、并入串出、并入并出四种形式。74LS194 是 4 位双向通用移位寄存器,其引脚排列如图 3-29 所示。

其中 D_0、D_1、D_2、D_3 为并行输入端;Q_0、Q_1、Q_2、Q_3 为并行输出端;S_R 为右移串行输入端,S_L 为左移串行输入端;S_1、S_0 为操作模式控制端;$\overline{CR}$ 为直接无条件清零端;CP 为时钟脉冲输入端。CC40194 有 5 种不同操作模式:并行送数寄存、右移(方向由 $Q_0 \rightarrow Q_3$)、左移(方向由 $Q_3 \rightarrow Q_0$)、保持及清零,如表 3-24 所示。

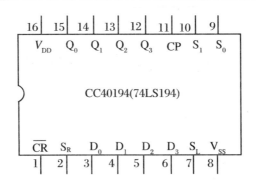

图 3-29　CC40194 引脚排列图

表 3-24　S_1、S_0 和 $\overline{CR}$ 端的控制作用表

功能	输					入				输	出		
	CP	$\overline{CR}$	S_1	S_0	S_R	S_L	D_0	D_1	D_2	D_3	Q_0	Q_1	Q_2	Q_3
清除	×	0	×	×	×	×	×	×	×	×	0	0	0	0
送数	↑	1	1	1	×	×	a	b	c	d	a	b	c	d
右移	↑	1	0	1	D_{SR}	×	×	×	×	×	D_{SR}	Q_0	Q_1	Q_2
左移	↑	1	1	0	×	D_{SL}	×	×	×	×	Q_1	Q_2	Q_3	D_{SL}
保持	↑	1	0	0	×	×	×	×	×	×	Q_0^n	Q_1^n	Q_2^n	Q_3^n
保持	↓	1	×	×	×	×	×	×	×	×	Q_0^n	Q_1^n	Q_2^n	Q_3^n

四、任务实施步骤

1．功能测试

按图 3-30 接线,测试 74LS194 的逻辑功能。$\overline{CR}$、S_1、S_0、S_L、S_R、D_0、D_1、D_2、D_3 分别接至逻辑开关的输出插口;Q_0、Q_1、Q_2、Q_3 接至逻辑电平显示输入插口。CP 端接单次脉冲源。按表 3-25 所规定的输入状态,逐项进行测试。

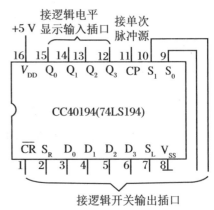

图 3-30　74LS194 逻辑功能测试

(1) 清零:令 $\overline{CR}=0$,其他输入均为任意态,这时寄存器输出 Q_0、Q_1、Q_2、Q_3 应均为 0。清零后,置 $\overline{CR}=1$。

(2) 送数:令 $\overline{CR}=S_1=S_0=1$,送入任意 4 位二进制数,如 $D_0D_1D_2D_3=abcd$,加 CP 脉冲,观察 CP=0、CP 由 0→1,CP 由 1→0 三种情况下寄存器输出状态的变化,观察寄存器输出状态变化是否发生在 CP 脉冲的上升沿。

(3) 右移:清零后,令 $\overline{CR}=1$,$S_1=0$,$S_0=1$,由右移输入端 S_R 送入二进制数码如 0100,由 CP 端连续加 4 个脉冲,观察输出情况,记录之。

（4）左移：先清零或预置，再令 $\overline{CR}=1,S_1=1,S_0=0$，由左移输入端 S_L 送入二进制数码如 1101，连续加四个 CP 脉冲，观察输出端情况，记录之。

（5）保持：寄存器预置任意 4 位二进制数码 abcd，令 $\overline{CR}=1,S_1=S_0=0$，加 CP 脉冲，观察寄存器输出状态，记录之。

表 3-25　测试 CC40194(或 74LS194)的逻辑功能表

清除	模　式		时钟	串　行		输　入	输　出	功能总结
$\overline{CR}$	S_1	S_0	CP	S_L	S_R	$D_0\ D_1\ D_2\ D_3$	$Q_0\ Q_1\ Q_2\ Q_3$	
0	×	×	×	×	×	× × × ×		
1	1	1	↑	×	×	a b c d		
1	0	1	↑	×	0	× × × ×		
1	0	1	↑	×	1	× × × ×		
1	0	1	↑	×	0	× × × ×		
1	0	1	↑	×	0	× × × ×		
1	1	0	↑	1	×	× × × ×		
1	1	0	↑	1	×	× × × ×		
1	1	0	↑	1	×	× × × ×		
1	1	0	↑	1	×	× × × ×		
1	0	0	↑	×	×	× × × ×		

2．移位寄存器应用

移位寄存器应用很广，可构成移位寄存器型计数器、顺序脉冲发生器、串行累加器，可用作数据转换，即把串行数据转换为并行数据，或把并行数据转换为串行数据等。

（1）环形计数器。

把移位寄存器的输出反馈到它的串行输入端，就可以进行循环移位，如图 3-31 所示，把输出端 Q_3 和右移串行输入端 S_R 相连接，设初始状态 $Q_0Q_1Q_2Q_3=1000$，则在时钟脉冲作用下 $Q_0Q_1Q_2Q_3$ 将依次变为 0100→0010→0001→1000→……如表 3-26 所示，可见它是一个具有四个有效状态的计数器，这种类型的计数器通常称为环形计数器。图 3-32 电路也可以由各个输出端输出在时间上有先后顺序的脉冲，因此也可作为顺序脉冲发生器。

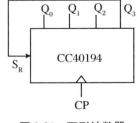

图 3-31　环形计数器

表 3-26　环形计数器输出表

CP	Q_0	Q_1	Q_2	Q_3
0	1	0	0	0
1	0	1	0	0
2	0	0	1	0
3	0	0	0	1

如果将输出 Q_0 与左移串行输入端 S_L 相连接,则可以实现左移循环移位。

自拟实验线路,用并行送数法预置寄存器为某二进制数码(如 0100),然后进行右移循环,观察寄存器输出端的状态变化,记入表 3-27 中。

表 3-27　环形计数器寄存器输出端状态变化表

CP	Q_0	Q_1	Q_2	Q_3
0	0	1	0	0
1				
2				
3				
4				

(2) 实现数据串、并行转换。

① 串行/并行转换器。串行/并行转换是指串行输入的数码,经转换电路之后变换成并行输出。

图 3-32 是用两片 CC40194(74LS194)组成的七位串行/并行数据转换电路。

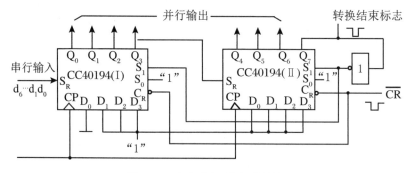

图 3-32　七位串行/并行转换器

电路中 S_0 端接高电平 1,S_1 受 Q_7 控制,二片寄存器连接成串行输入右移工作模式。Q_7 是转换结束标志。当 $Q_7 = 1$ 时,S_1 为 0,使之成为 $S_1 S_0 = 01$ 的串入右移工作方式,当 $Q_7 = 0$ 时,$S_1 = 1$,有 $S_1 S_0 = 11$,则串行送数结束,标志着串行输入的数据已转换成并行输出了。

串行/并行转换的具体过程如下:

转换前,$\overline{CR}$ 端加低电平,使 1、2 两片寄存器的内容清 0,此时 $S_1 S_0 = 11$,寄存器执行并行输入工作方式。当第一个 CP 脉冲到来后,寄存器的输出状态 $Q_0 \sim Q_7$ 为 01111111,与此同时 $S_1 S_0$ 变为 01,转换电路变为执行串入右移工作方式,串行输入数据由 1 片的 S_R 端加入。随着 CP 脉冲的依次加入,输出状态的变化可列成表 3-28 所示。

由表 3-28 可见,右移操作七次之后,Q_7 变为 0,$S_1 S_0$ 又变为 11,说明串行输入结束。这时,串行输入的数码已经转换成了并行输出了。当再来一个 CP 脉冲时,电路又重新执行一次并行输入,为第二组串行数码转换做好了准备。

表 3-28　七位串行/并行转换器转化表

CP	Q_0	Q_1	Q_2	Q_3	Q_4	Q_5	Q_6	Q_7	说明
0	0	0	0	0	0	0	0	0	清零
1	0	1	1	1	1	1	1	1	送数
2	d_0	0	1	1	1	1	1	1	右移操作七次
3	d_1	d_0	0	1	1	1	1	1	
4	d_2	d_1	d_0	0	1	1	1	1	
5	d_3	d_2	d_1	d_0	0	1	1	1	
6	d_4	d_3	d_2	d_1	d_0	0	1	1	
7	d_5	d_4	d_3	d_2	d_1	d_0	0	1	
8	d_6	d_5	d_4	d_3	d_2	d_1	d_0	0	
9	0	1	1	1	1	1	1	1	送数

按图 3-32 接线,进行右移串入、并出实验,串入数码自定,完成后自拟表格,记录数据。

② 并行/串行转换器。并行/串行转换器是指并行输入的数码,经转换电路之后变换成串行输出。

图 3-33 是用两片 CC40194(74LS194)组成的七位并行/串行转换电路,电路工作方式为右移。

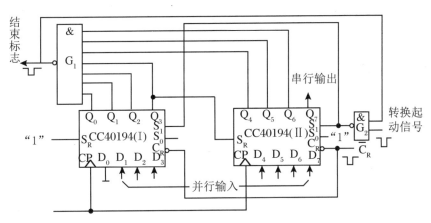

图 3-33　七位并行/串行转换器

寄存器清“0”后,加一个转换启动信号(负脉冲)。此时,由于方式控制 S_1S_0 为 11,转换电路执行并行输入操作。当第一个 CP 脉冲到来后,$Q_0Q_1Q_2Q_3Q_4Q_5Q_6Q_7$ 的状态为 $D_0D_1D_2D_3D_4D_5D_6D_7$,并行输入数码存入寄存器。从而使得 G_1 输出为 1,G_2 输出为 0,结果,S_1S_2 变为 01,转换电路随着 CP 脉冲的加入,开始执行右移串行输出,随着 CP 脉冲的依次加入,输出状态依次右移,待右移操作七次后,$Q_0 \sim Q_6$ 的状态都为高电平 1,与非门 G_1 输出为低电平,G_2 门输出为高电平,S_1S_2 又变为 11,表示并行/串行转换结束,且为第二次并行输入创造了条件。转换过程如表 3-29 所示。

表 3-29　七位并行/串行转换器转化表

CP	Q_0	Q_1	Q_2	Q_3	Q_4	Q_5	Q_6	Q_7	串行输出						
0	0	0	0	0	0	0	0	0							
1	0	D_1	D_2	D_3	D_4	D_5	D_6	D_7							
2	1	0	D_1	D_2	D_3	D_4	D_5	D_6	D_7						
3	1	1	0	D_1	D_2	D_3	D_4	D_5	D_6	D_7					
4	1	1	1	0	D_1	D_2	D_3	D_4	D_5	D_6	D_7				
5	1	1	1	1	0	D_1	D_2	D_3	D_4	D_5	D_6	D_7			
6	1	1	1	1	1	0	D_1	D_2	D_3	D_4	D_5	D_6	D_7		
7	1	1	1	1	1	1	0	D_1	D_2	D_3	D_4	D_5	D_6	D_7	
8	1	1	1	1	1	1	1	0	D_1	D_2	D_3	D_4	D_5	D_6	D_7
9	0	D_1	D_2	D_3	D_4	D_5	D_6	D_7							

按图 3-34 接线,进行右移并入、串出实验,并入数码自定,完成后自拟表格,记录数据。

中规模集成移位寄存器,其位数往往以 4 位居多,当需要的位数多于 4 位时,可把几片移位寄存器用级联的方法扩展位数。

五、任务总结

（1）总结移位寄存器 74LS194 的逻辑功能及应用。

（2）讨论实验中遇到的问题。

（3）书写实验报告。

任务 3　计数器及其应用

一、任务实施目的

（1）掌握集成计数器的逻辑功能测试方法及其应用。

（2）运用集成计数器构成任意进制计数器。

二、任务实施器材

（1）电子综合实验台或实验箱（逻辑开关、逻辑电平显示、五功能逻辑笔、单次脉冲源、连续脉冲源）1 台。

（2）器件：74LS192（同步十进制可逆计数器）2 片、74LS20（二 4 输入与非门）1 片、74LS90（二-五-十进制计数器）2 片。

三、任务原理分析

计数器是一个实现计数功能的时序部件，它不仅可以用来计数，还常用作数字系统的定时、分频和执行数字运算以及其他特定的逻辑功能。

计数器种类很多，按构成计数器中的各触发器是否使用同一个时钟脉冲，可分为同步计数器和异步计数器；按计数进制的不同，可分为二进制计数器、十进制计数器和任意进制计数器；按计数的增减趋势，可分为加法计数器、减法计数器和可逆计数器；还有可预置数和可编程功能的计数器。目前，无论是 TTL 还是 CMOS 集成电路，都有品种较齐全的中规模集成计数器。使用者只要借助于器件手册提供的功能表和工作波形图以及引脚排列，就能正确使用这些器件。

1. 集成计数器

74LS192 是同步十进制可逆计数器，其引脚排列如图 3-34 所示。

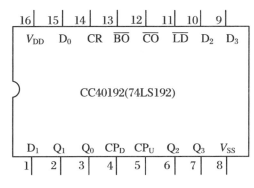

图 3-34　74LS192 引脚排列图

74LS192 具有下述功能：

① 异步清零：$CR=1$，$Q_3Q_2Q_1Q_0=0000$。

② 异步置数：$CR=0$，$\overline{LD}=0$，$Q_3Q_2Q_1Q_0=D_3D_2D_1D_0$。

③ 保持：$CR=0$，$\overline{LD}=1$，$CP_U=CP_D=1$，$Q_3Q_2Q_1Q_0$ 保持原态。

④ 加计数：$CR=0$，$\overline{LD}=1$，$CP_U=CP$，$CP_D=1$，$Q_3Q_2Q_1Q_0$ 按加法规律计数。

⑤ 减计数：$CR=0$，$\overline{LD}=1$，$CP_U=1$，$CP_D=CP$，$Q_3Q_2Q_1Q_0$ 按减法规律计数。

74LS90 是二-五-十进制异步加法计数器，具有双时钟输入，并具有清零和置数等功能。通过不同的连接方式，74LS90 可以实现 4 种不同的逻辑功能，而且还可借助 $R_{0(1)}$、$R_{0(2)}$ 对计数器清零，借助 $S_{9(1)}$、$S_{9(2)}$ 将计数器置 9。其具体功能描述如下：

① 计数脉冲从 CP_1 输入，Q_A 作为输出端，为二进制计数器。

② 计数脉冲从 CP_2 输入，$Q_DQ_CQ_B$ 作为输出端，为异步五进制加法计数器。

③ 若脉计数冲从 CP_1 输入，Q_A 接 CP_2，$Q_DQ_CQ_BQ_A$ 作为输出端，则构成 8421 码十进制加法计数器。因此，74LS90 接成十进制计数方式时的电路如图 3-35 所示。

④ 清零、置 9 功能。

异步清零:当 $R_{0(1)}$、$R_{0(2)}$ 均为"1",$S_{9(1)}$、$S_{9(2)}$ 中有"0"时,实现异步清零功能。

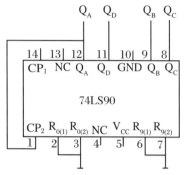

图 3-35　74LS90 十进制接法

异步置9:当 $S_{9(1)}$、$S_{9(2)}$ 均为"1"时,实现置9功能。

2. 任意进制计数器的设计

目前,计数器的品种相当齐全,所以设计任意进制计数器时一般都选用集成计数器。利用集成计数器芯片可方便地构成任意(N)进制计数器,有如下两种方法。

(1)反馈归零法:利用计数器清零端的清零作用,截取计数过程中的某一个中间状态控制清零端,使计数器由此状态返回到零,重新开始计数,进而把模数大的计数器改成模数小的计数器。

关键:清零信号的选择与芯片的清零方式有关。若设计 N 进制计数器,异步清零方式以 N 作为清零信号或反馈识别码,其有效循环状态为 $0\sim N-1$;同步清零方式以 $N-1$ 作为反馈识别码,其有效循环状态为 $0\sim N-1$。还要注意清零端的有效电平,以确定用与门还是与非门来引导。

(2)反馈置数法:利用具有置数功能的计数器,截取从 N_b 到 N_a 之间的 N 个有效状态构成 N 进制计数器。其方法是当计数器的状态循环到 N_a 时,由 N_a 构成的反馈信号提供置数指令,由于事先将并行置数数据输入端置成了 N_b 的状态,所以置数指令到来时,计数器输出端被置成 N_b,再来计数脉冲,计数器在 N_b 基础上继续计数直至 N_a,又进行新一轮置数、计数。

关键:反馈识别码的确定与芯片的置数方式有关。异步置数方式以 $N_a = N_b + N$ 作为反馈识别码,其有效循环状态为 $N_b\sim N_a$;同步置数方式以 $N_a = N_b + N - 1$ 作为反馈识别码,其有效循环状态为 $N_b\sim N_a$。还要注意置数端的有效电平,以确定用与门还是与非门来引导。

四、任务实施步骤

(1)连接调试用 74LS90 实现的十进制计数器。

(2)用 74LS90 设计一个六进制计数器。

分析:一位数需用 1 片 74LS90,首先将 74LS90 接成十进制计数器,然后设计计数到 6 返回清零。6 的 8421BCD 码为 0110,因此可将其中的 Q_C、Q_B 相"与"的结果接到 74LS90 的清零端,当然也可以将 Q_C、Q_B 分别接到芯片的清零端省掉与门,电路如图 3-36 所示。

用 74LS90 实现 60 进制计数器设计与制作

(3)用 74LS90 设计一个六十进制计数器。

分析:用前面的六进制计数器和十进制计数器即可组成六十进制计数器。方法是将十进制计数器作为个位,六进制计数器作为十位,将个位 74LS90 的输出端 Q_D 接至十位 74LS90 的脉冲端 CP_1。

(4)用 74LS90 设计一个三十六进制计数器。

分析:两位数需用 2 片 74LS90,首先将每片接成十进制构成一百进制计数器,然后设计计数到 36 返回清零。36 的 8421BCD 码为 00110110,因此可将十位的 Q_B、Q_A,个位的 Q_C、

Q_B 相"与",结果接到两片 74LS90 的清零端。电路如图 3-37 所示。

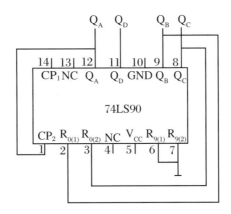

图 3-36　74LS90 六进制接法

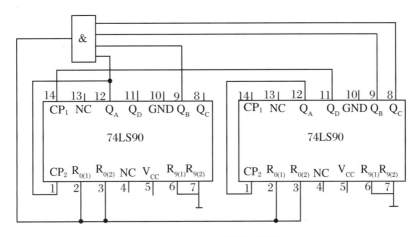

图 3-37　三十六进制计数器

（5）用 74LS90 设计一个二十四进制计数器,画出电路图,并在实验台上实现该电路。

（6）用 74LS192 芯片,设计一个十分钟倒计时电路,画出电路图,并在实验台上实现该电路。

五、任务总结

（1）说明构成任意进制计数器的两种方法。

（2）讨论实验中遇到的问题。

（3）书写实验报告。

任务 4　555 定时器的应用

一、任务实施目的

(1) 熟悉 555 定时器的电路结构、工作原理和功能。

(2) 掌握用 555 定时器构成多谐振荡器、单稳态触发器、施密特触发器的方法。

(3) 熟悉双踪示波器的使用方法。

二、任务实施器材

(1) 电子综合实验台或实验箱(逻辑开关、逻辑电平显示、五功能逻辑笔、单次脉冲源、连续脉冲源)1 台。

(2) 数字万用表 1 台。

(3) 双踪示波器 1 台。

(4) 器件：NE555 定时器 2 片、2CK132 片，电阻：10 kΩ、5.1 kΩ、100 kΩ、1 kΩ 各 2 个，电容：0.01 μF(103)、0.1 μF(104)、47 μF 各 1 个。

三、任务原理分析

555 定时器是目前应用最多的一种时基电路，电路功能灵活，适用范围广，只要在外部配上几个阻容元件，就可以构成单稳电路、多谐振荡器和施密特电路。因而在定时、检测、控制和报警等方面都有广泛的应用。

555 定时器是一种数字、模拟混合型的中规模集成电路，它是一种产生时间延迟和多种脉冲信号的电路，由于内部电压标准使用了三个 5 kΩ 电阻，故取名 555 电路。其电路类型有双极型和 CMOS 型两大类，二者的结构与工作原理类似。几乎所有的双极型产品型号最后的三位数码都是 555 或 556；所有的 CMOS 产品型号最后四位数码都是 7555 或 7556，二者的逻辑功能和引脚排列完全相同，易于互换。555 和 7555 是单定时器，556 和 7556 是双定时器。双极型的电源电压 V_{CC} 为 +5 V～+15 V，输出的最大拉电流和灌电流均可达 200 mA，CMOS 型的电源电压为 +3～+18 V，输出的灌电流为 5～20 mA，拉电流为 1～5 mA，电流的大小与工作电源电压有关。

1. 555 电路的工作原理

555 电路的内部电路如图 3-38 所示。它含有两个电压比较器，一个基本 RS 触发器，一个放电开关管 T，比较器的参考电压由三只 5 kΩ 的电阻器构成的分压器提供。它们分别使高电平比较器 A_1 的同相输入端和低电平比较器 A_2 的反相输入端的参考电平为 $\frac{2}{3}V_{CC}$ 和 $\frac{1}{3}V_{CC}$。A_1 与 A_2 的输出端控制 RS 触发器状态和放电管开关状态。当输入信号自 6 脚，即高电平触发输入并超过参考电平 $\frac{2}{3} V_{CC}$ 时, 触发器复位, 555 的输出端 3 脚输出低电平, 同时放电开关管导通; 当输入信号自 2 脚输入并低于 $\frac{1}{3} V_{CC}$ 时, 触发器置位, 555 的 3 脚输出高电平, 同时放电开关管截止。各种情况见表 3-30。

$\overline{R}_D$ 是复位端(4 脚), 当 $\overline{R}_D = 0$, 555 输出低电平。平时 $\overline{R}_D$ 端开路或接 V_{CC}。

V_C 是控制电压端(5 脚), 平时输出 $\frac{2}{3} V_{CC}$ 作为比较器 A_1 的参考电平, 当 5 脚外接一个输入电压, 即改变了比较器的参考电平时, 便可实现对输出的另一种控制。在不接外加电压时, 通常接一个 $0.01\,\mu F$ 的电容器到地, 起滤波作用, 以消除外来的干扰, 确保参考电平的稳定。T 为放电管, 当 T 导通时, 将给接于 7 脚的电容器提供低阻放电通路。

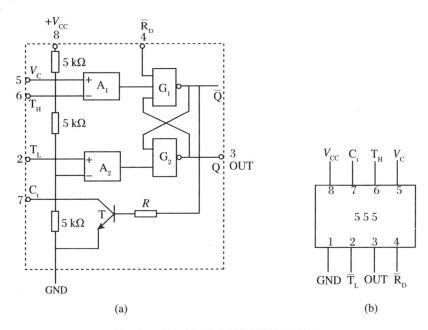

(a)　　　　　　　　　　　　(b)

图 3-38　555 定时器内部框图及引脚排列

表 3-30　555 基本工作情况总结表

输入			输出	
T_H	$\overline{T}_L$	$\overline{R}_D$	OUT = Q	T 的状态
×	×	0	0	导通
$> \frac{2}{3} V_{CC}$	$> \frac{1}{3} V_{CC}$	1	0	导通
$< \frac{2}{3} V_{CC}$	$< \frac{1}{3} V_{CC}$	1	1	截止
$< \frac{2}{3} V_{CC}$	$> \frac{1}{3} V_{CC}$	1	不变	不变

555 定时器主要是与电阻、电容构成充放电电路, 并由两个比较器来检测电容器上的电压, 以确定输出电平的高低和放电管的通断, 可方便地构成单稳态触发器、多谐振荡器、施密特触发器等脉冲产生或波形变换电路。

2. 555 定时器的典型应用

（1）构成单稳态触发器。图 3-39（a）为由 555 定时器和外接定时元件 R、C 构成的单稳态触发器。触发电路由 C_1、R_1、D 构成，其中 D 为钳位二极管，稳态时 555 电路输入端处于电源电平，内部放电开关管 T 导通，输出端 F 输出低电平。当有一个外部负脉冲触发信号经 C_1 加到 2 端，并使 2 端电位瞬时低于 $\frac{1}{3}V_{cc}$，低电平比较器动作，单稳态电路即开始一个暂态过程，电容 C 开始充电，V_C 按指数规律增长。当 V_C 充电到 $\frac{2}{3}V_{cc}$ 时，高电平比较器动作，比较器 A_1 翻转，输出 u_o 从高电平返回低电平，放电开关管 T 重新导通，电容 C 上的电荷很快经放电开关管放电，暂态结束，恢复稳态，为下个触发脉冲的来到做好准备。波形图如图 3-39（b）所示。

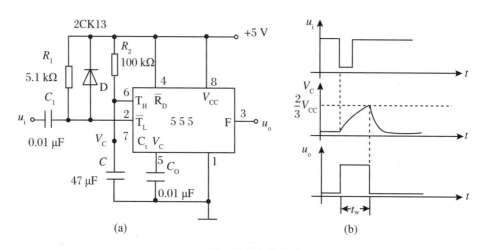

图 3-39　单稳态触发器

该电路暂稳态的持续时间 t_w 取决于外接元件 R、C 的大小，为 $1.1RC$。通过改变 R、C 的大小，可使延时时间在几个微秒到几十分钟之间变化。当用这种单稳态电路作为计时器时，可直接驱动小型继电器，并可以使用复位端（4 脚）接地的方法来中止暂态，重新计时。此外尚需用一个续流二极管与继电器线圈并接，以防继电器线圈反电势损坏内部功率管。

（2）构成多谐振荡器。如图 3-40（a），由 555 定时器和外接元件 R_1、R_2、C 构成多谐振荡器，2 脚与 6 脚直接相连。电路没有稳态，仅存在两个暂稳态，电路亦不需要外加触发信号，利用电源通过 R_1、R_2 向 C 充电，以及 C 通过 R_2 向放电端 C_t 放电，使电路产生振荡。电容 C 在 $\frac{1}{3}V_{cc}$ 和 $\frac{2}{3}V_{cc}$ 之间充电和放电，其波形如图 3-41（b）所示。输出信号的时间参数是 $T = t_{w1} + t_{w2}$，$t_{w1} = 0.7(R_1 + R_2)C$，$t_{w2} = 0.7R_2C$。555 电路要求 R_1 与 R_2 均应大于或等于 $1\,k\Omega$，但 $R_1 + R_2$ 应小于或等于 $3.3\,M\Omega$。

外部元件的稳定性决定了多谐振荡器的稳定性，555 定时器配以少量的元件即可获得较高精度的振荡频率和具有较强的功率输出能力。因此这种形式的多谐振荡器应用非常广泛。

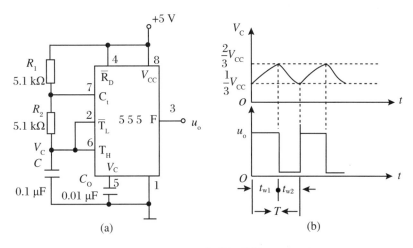

图 3-40　多谐振荡器

（3）组成压控振荡器。电路如图 3-41 所示，5 脚接 U_C。电路原理与多谐振荡器基本相同，见表 3-31。

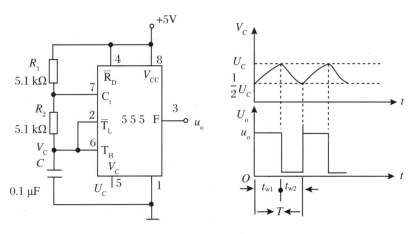

图 3-41　压控振荡器

表 3-31　555 5 脚接控制电压工作情况总结表

输入			输出	
T_H	$\overline{TL}$	$\overline{R_D}$	OUT = Q	V 状态
×	×	0	0	导通
$> U_C$	$> \frac{1}{2}U_C$	1	0	导通
$< U_C$	$< \frac{1}{2}U_C$	1	1	截止
$< U_C$	$> \frac{1}{2}U_C$	1	不变	不变

$$T_{W1} = (R_1 + R_2)C\ln\left(\frac{V_{CC} - \frac{1}{2}U_C}{V_{CC} - U_C}\right)$$

$$T_{W2} = 0.7R_2C$$

$$T_W = T_{W1} + T_{W2}$$

从公式可以看出振荡频率 f 与控制电压 U_C 的关系为：$U_C\uparrow\to T\uparrow\to f\downarrow$，反之，$U_C\downarrow\to T\downarrow\to f\uparrow$，从而实现了用电压控制振荡器输出频率的目的。

（4）组成施密特触发器。电路如图 3-42 所示，只要将 2、6 脚连在一起作为信号输入端，即可得到施密特触发器。图 3-43 给出了 u_S、u_i 和 u_o 的波形图。

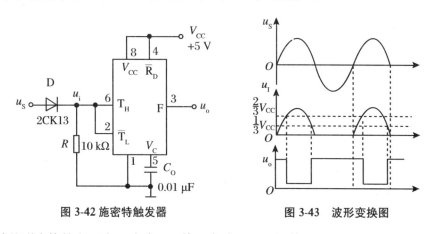

图 3-42 施密特触发器　　　　　　图 3-43　波形变换图

设被整形变换的电压为正弦波 u_S，其正半波通过二极管 D 同时加到 555 定时器的 2 脚和 6 脚，得到 u_i 为半波整流波形。当 u_i 上升到 $\frac{2}{3}V_{CC}$ 时，u_o 从高电平翻转为低电平；当 u_i 下降到 $\frac{1}{3}V_{CC}$ 时，u_o 又从低电平翻转为高电平。电路的电压传输特性曲线如图 3-45 所示。回差电压 $\Delta U = \frac{2}{3}V_{CC} - \frac{1}{3}V_{CC} = \frac{1}{3}V_{CC}$。

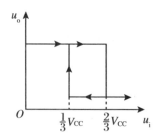

图 3-44　电压传输特性

四、任务实施步骤

（1）用 555 定时器构成单稳态触发器。按图 3-40 接线，在输入端加入单次负脉冲，观察输出信号波形，估计延迟时间，并与理论值比较。将 R 改为 $1\,k\Omega$，C 改为 $0.1\,\mu F$，输入端加 $1\,kHz$ 的连续脉冲，观测波形 u_i，v_C，u_o，测定幅度及暂稳时间。

（2）用 555 定时器构成多谐振荡器。按图 3-40 连接电路，测量 V_C 处波形，输出信号波形和频率。

（3）按图 3-41 所示电路接线，观察 5 脚电压对输出信号频率的控制。

（4）用 555 定时器构成施密特触发器。按图 3-42 连接电路，在输入端加入频率为 1 kHz 的正弦信号，接通电源，逐渐加大输入信号幅度，观察输出信号波形，描绘电压传输特性，计算回差电压。

555 定时器构成多谐振荡器测试

五、任务总结

（1）整理测量数据，将理论估算值与实际测量值进行比较分析。

（2）书写实验报告。

（3）用 555 定时器设计一个 120 报警电路（选做）。

学习情境 13　D/A、A/D 转换器

一、任务实施目的

（1）了解 D/A、A/D 转换器的基本结构和工作原理。

（2）掌握集成 D/A 和 A/D 转换器的功能及其应用。

二、任务实施器材

（1）电子综合实验台或实验箱（逻辑开关、逻辑电平显示、五功能逻辑笔、单次脉冲源、连续脉冲源）1 台。

（2）数字万用表 1 台。

（3）器件：DAC0808、ADC0809、μA741 各 1 片，电位器：15 kΩ 1 个，二极管：2CK13 2 个。

三、任务原理分析

在电子技术应用中，经常需要把数字信号转换为模拟信号，或者把模拟信号转换为数字信号。数字信号到模拟信号的转换称为数模转换（简称 D/A 转换），能实现 D/A 转换的电路称为 D/A 转换器或 DAC。模拟信号到数字信号的转换称为模数转换（简称 A/D 转换），能实现 A/D 转换的电路称为 A/D 转换器或 ADC。完成这种转换器的器件种类很多，特别是单片大规模集成 D/A、A/D 转换器的问世，为实现上述的转换提供了极大的方便。使用者借助于手册提供的器件性能指标、功能表和引脚排列图，即可正确使用这些器件。

1. D/A 转换器 DAC0832

DAC0832 是采用 CMOS 工艺制成的单片电流输出型 8 位数/模转换器。图 3-45 是 DAC0832 的逻辑框图及引脚排列。

DAC0832 属于倒 T 型电阻网络 DAC。输出电压为

$$U_O = \frac{V_{REF} \cdot R_f}{2^n R}(D_{n-1} \cdot 2^{n-1} + D_{n-2} \cdot 2^{n-2} + \cdots + D_0 \cdot 2^0)$$

它有 8 个输入端，每个输入端是 8 位二进制数的其中一位，输入有 2^8（256）个不同的二进制组态，对应输出也就有 256 个电压值，即输出电压不是整个电压范围内连续的。

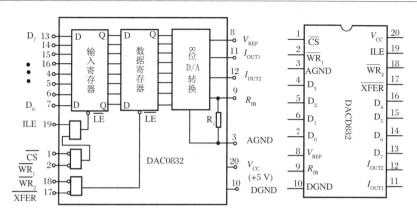

图 3-45　DAC0832 单片 D/A 转换器逻辑框图和引脚排列

DAC0832 的引脚功能说明如下：

$D_0 \sim D_7$——数字信号输入端。

ILE——输入寄存器允许端，高电平有效。

$\overline{CS}$——片选信号，低电平有效。

$\overline{WR}_1$——写信号 1，低电平有效。

$\overline{XFER}$——传送控制信号，低电平有效。

$\overline{WR}_2$——写信号 2，低电平有效。

I_{OUT1}，I_{OUT2}——DAC 电流输出端，DAC0832 输出的是电流，要转换为电压，还必须经过一个外接的运算放大器。

R_{fB}——反馈电阻，是集成在片内的外接运算放大器的反馈电阻。

V_{REF}——基准电压，$-10 \sim +10$ V。

V_{CC}——电源电压，$+5 \sim +15$ V。

AGND——模拟地。

DGND——数字地。

2．A/D 转换器 ADC0809

ADC0809 是采用 CMOS 工艺制成的单片 8 位 8 通道逐次逼近型 A/D 转换器，其逻辑框图及引脚排列如图 3-46 所示。

ADC0809 的引脚功能说明如下：

$IN_0 \sim IN_7$：8 路模拟信号输入端。

A_2、A_1、A_0：地址输入端。A_2、A_1、A_0 三位地址进行不同组合可以选通 8 路模拟信号中的任何一路进行 A/D 转换，地址译码与模拟输入通道的选通关系如表 3-32 所示。

表 3-32　ADC0809 地址译码与模拟输入通道的选通关系表

被选模拟通道		IN_0	IN_1	IN_2	IN_3	IN_4	IN_5	IN_6	IN_7
地址	A_2	0	0	0	0	1	1	1	1
	A_1	0	0	1	1	0	0	1	1
	A_0	0	1	0	1	0	1	0	1

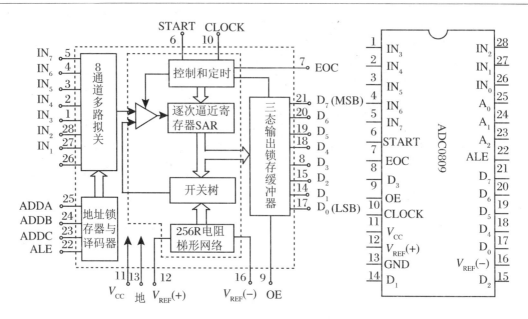

图 3-46　ADC0809 逻辑框图及引脚排列

ALE：地址锁存允许输入信号，在此脚施加正脉冲，上升沿有效，此时锁存地址码，从而选通相应的模拟信号通道，以便进行 A/D 转换。

START：启动信号输入端，应在此脚加正脉冲，当上升沿到达时，内部逐次逼近寄存器复位，在下降沿到达时，开始 A/D 转换过程。

EOC：转换结束标志，当转换结束时输出高电平。

在启动端（START）加启动脉冲（正脉冲），D/A 转换即开始。如将启动端与转换结束标志端（EOC）直接相连，转换将是连续的，在用这种转换方式时，开始应在外部加启动脉冲。

OE：输入允许信号，高电平有效。

CLOCK：时钟信号输入端，外接时钟频率一般为 640 kHz。

V_{CC}：+5 V 单电源供电。

$V_{REF}(+)$、$V_{REF}(-)$：基准电压的正极、负极。一般 $V_{REF}(+)$ 接 +5 V 电源，$V_{REF}(-)$ 接地。

$D_7 \sim D_0$：数字信号输出端。

四、任务实施步骤

1. 使用 DAC0832 进行 D/A 转换

（1）按图 3-47 接线，即 $\overline{CS}$、$\overline{WR1}$、$\overline{WR2}$、$\overline{XFER}$ 接地，ALE、V_{CC}、V_{REF} 接 +5 V 电源，运算放大器电源接 ±15 V，$D_0 \sim D_7$ 接逻辑开关的输出插口，输出端 V_O 接直流数字电压表。

（2）调零，令 $D_0 \sim D_7$ 全为零，调节运算放大器的电位器使 μA741 输出为零。

（3）按表 3-33 所列的数字信号输入，用数字电压表测量运算放大器的输出电压 V_O，将测量结果填入表中，并与理论值进行比较。

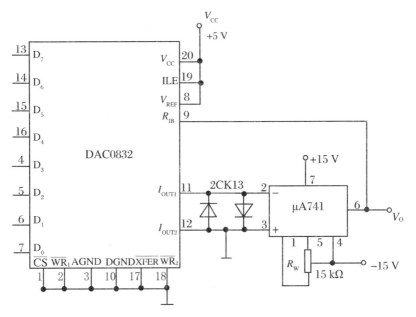

图 3-47　D/A 转换器实验线路

表 3-33　DAC0832 实验表格

输 入 数 字 量								输出模拟量
D_7	D_6	D_5	D_4	D_3	D_2	D_1	D_0	V_O (V)
0	0	0	0	0	0	0	0	
0	0	0	0	0	0	0	1	
0	0	0	0	0	0	1	0	
0	0	0	0	0	1	0	0	
0	0	0	0	1	0	0	0	
0	0	0	1	0	0	0	0	
0	0	1	0	0	0	0	0	
0	1	0	0	0	0	0	0	
1	0	0	0	0	0	0	0	
1	1	1	1	1	1	1	1	

2. 使用 ADC0809 进行 A/D 转换

（1）按图 3-48 接线，地址输入端接逻辑电平输出插口，并使 $A_2 A_1 A_0$ 取 000，选用 IN_0 通道。输出结果 $D_0 \sim D_7$ 接逻辑电平显示器输入插口，CP 时钟脉冲由脉冲信号发生器提供，取 $f = 100\ kHz$。

（2）接通电源后，在启动端（START）加一单次正脉冲，下降沿一到即开始 A/D 转换。

（3）调节电位器 R_w，使其按表 3-34 中输入模拟量大小进行变化，记录转换结果，并将转换结果换算成十进制数,与理论结果进行比较,分析误差原因。

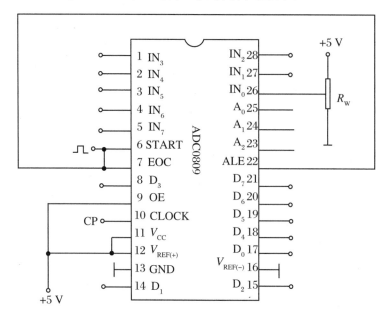

图 3-48　ADC0809 实验线路

表 3-34　ADC0809 实验表格

输入模拟量	输　出　数　字　量									误差
V_1(V)	D_7	D_6	D_5	D_4	D_3	D_2	D_1	D_0	十进制	Δ
0.0										
0.5										
1.0										
1.5										
2.0										
2.5										
3.0										
3.5										
4.0										
4.5										
5.0										

五、实验总结

整理实验数据,分析实验结果。

学习情境 14　综合实训

实训 1　八路抢答器的设计与制作

一、实训目的

(1) 学习数字电路中编码器、译码器、显示器及触发器的原理与使用方法。

(2) 掌握数字电路的设计、安装与调试方法。

(3) 熟悉抢答器的工作原理。

二、实训设备及器件

(1) 电子综合实验台或实验箱(逻辑开关、逻辑电平显示、五功能逻辑笔、单次脉冲源、连续脉冲源)1 台。

(2) 数字万用表 1 块。

(3) 双踪示波器 1 台。

(4) 器件:74LS175(四正沿触发 D 触发器)2 片、74LS247(显示译码器)1 片、74LS148(优先编码器)1 片、74LS08(四 2 输入与门)2 片,电阻:560Ω 7 个,数码管:共阳、红色、0.5 英寸 1 个,复位开关 9 个,纽子开关 1 个。

三、实训预习

(1) 复习数字电路中 D 触发器、编码器、译码器、显示器等部分内容。

(2) 分析抢答器功能,想一想如何设计八路抢答器。

四、实训原理

1. 设计要求

(1) 抢答器同时供 8 名选手或 8 个代表队比赛,分别用 8 个按钮 $S_0 \sim S_7$ 表示。

(2) 设置一个系统清除和抢答控制开关 S,该开关由主持人控制。

(3) 抢答器具有锁存与显示功能。即选手按动按钮,锁存相应的编号,并使优先抢答选手的编号一直保持到主持人将系统清除为止。

（4）抢答器具有定时抢答功能，且一次抢答的时间由主持人设定（如30 s）。当主持人启动"开始"键后，定时器进行倒计时。

（5）参赛选手在设定的时间内进行抢答，抢答有效，定时器停止工作，显示器上显示选手的编号和抢答的时间，并保持到主持人将系统清除为止。

（6）如果设定的时间已到，无人抢答，本次抢答无效，系统通过一个指示灯报警并禁止抢答，定时显示器上显示00。

（7）设计语音报警电路，要求在抢答有效时发出声音报警。

其中（1）、（2）、（3）项为基本要求，（4）、（5）、（6）、（7）为扩展要求。本实训只要求完成基本要求部分，同学们可以自行设计扩展部分。

2. 电路原理图

八路抢答器的电路图如图3-49所示，按功能可分成4个单元电路。

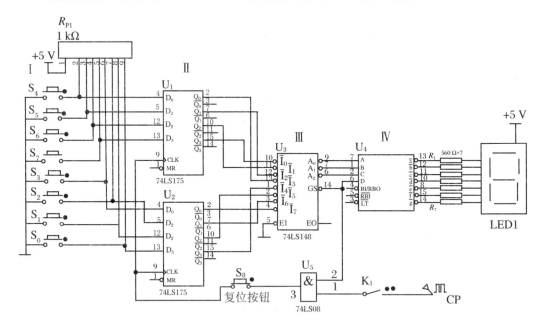

图3-49　八路抢答器原理图

（1）八路开关电路。单元Ⅰ为八路开关电路，它实际上是八个复位开关，弹起时为高电平，按下后为低电平。

另外还设置一个系统清除按钮和抢答控制开关S，该开关由主持人控制。

（2）触发锁存电路。单元Ⅱ为触发锁存电路，功能是当选手按动按钮时，锁存相应的编号，并将优先抢答选手的编号一直保持到主持人将系统清除为止。它由2片74LS175组成，每片74LS175里面有4个D触发器，所以电路使用2片74LS175构成8位锁存电路，实训时，触发脉冲可以先用实验台上的脉冲源，也可以用555定时器构成多谐振荡器产生脉冲。

（3）优先编码电路。单元电路Ⅲ为优先编码电路。采用优先编码器74LS148实现，该编码器有8个信号输入端，3个二进制码输出端，输入使能端EI，输出使能端EO和优先编码工作状态标志端GS。从其功能表中可以看出当EI＝"0"时，编码器工作，而当EI＝"1"时，则不论8个输入端为何状态，输出端均为"1"，且GS端和EO端也为"1"。我们巧妙把

GS 端接到译码器的输入最高位,与它的三位输出一起组成四位 8421 代码,用来显示选手编号,又把它返回控制锁存器的脉冲,使得当有选手按下抢答按钮后,其他选手的按钮即使按下也无效,从而完成了"抢答"功能。

(4) 译码显示电路。单元电路Ⅳ为译码显示电路,译码器有通用译码器及显示译码器,显示译码器输出接数码管可把译码结果直接显示出来。输出低电平有效的显示译码器接共阳数码管,相反,输出高电平有效的显示译码器接共阴数码管。本电路采用输出低电平有效的显示译码器 74LS247 接共阳数码管来完成。通过本电路的连接和测试,同学们应该掌握数码管的好坏测试,引脚判断方法等。

五、实训内容

1. 通读抢答器电路原理图
如图 3-49 所示。

2. 抢答器的装配与调试
(1) 译码显示电路的装配与调试。
(2) 触发锁存电路的装配与调试。
(3) 优先编码电路的装配与调试。
(4) 八路开关电路的装配与调试。
(5) 抢答器的整体测试。
(6) 根据 74LS148 功能表,自行设计语音报警电路,要求在抢答有效时同时发出声音报警,报警器使用蜂鸣器。

3. 数据测量
(1) 测量选手开关输出高低电平分别对应的电压值。
(2) 测量编码器 74LS148 输入高低电平分别对应的电压值,输出高低电平分别对应的电压值。
(3) 测量编码器 74LS247 输出高低电平分别对应的电压值。
(4) 测量数码管某段点亮时所流过的电流。

六、实训总结

(1) 总结数字系统的设计、调试方法。
(2) 分析实训中出现的故障及解决办法。
(3) 书写实训报告。

实训 2　数字时钟的设计与制作

一、实训目的

（1）学习常用时序逻辑电路的工作原理及使用方法，主要是触发器、寄存器、计数器和脉冲的产生与整形电路的原理及应用。

（2）学习数字时钟基本单元电路的分析和设计，重点是译码显示电路、计数电路、脉冲产生电路和校验电路的分析和设计。

（3）掌握译码显示电路、计数电路、脉冲产生电路和校验电路的设计、装配与调试方法。

（4）练习频率计、示波器、逻辑笔、万用表等仪器仪表的使用。

（5）掌握数字电路的连接、调试及故障排除方法。

二、实训设备及器件

（1）电子综合实验台或实验箱（逻辑开关、逻辑电平显示、五功能逻辑笔、单次脉冲源、连续脉冲源）1 台。

（2）数字万用表 1 块。

（3）双踪示波器 1 台。

（4）器件：74LS247 6 片、74LS90 6 片、74LS153 1 片、74LS175 1 片、CD4040 2 片、CC4011 1 片，晶振：32768 Hz 1 个，电阻：100 kΩ 1 个，电阻：1 kΩ 2 个，电阻：560 Ω 42 个，电容：240 pF、20 pF 各 1 个，数码管：共阳、红色、0.5 英寸 6 个，复位开关 2 个。

三、实训预习

（1）复习数字电路中多谐振荡器、计数器、译码显示器、数据选择器等内容。

（2）分析数字时钟基本功能，想一想如何设计数字时钟。

四、实训原理

1. 设计要求

（1）设计一数字时钟，小时采用二十四进制，即能够显示 23 时 59 分 59 秒。

（2）完成数字时钟的基本功能：正常计时。

（3）完成数字时钟的基本功能：校时。

2．电路原理图

根据本项目前面所提出的设计要求可知,要完成一个数字时钟需要计数器、译码器、显示器、石英晶体振荡器、分频器、校验电路等几部分,其中校验电路部分采用数据选择器来完成。数字时钟整体框图如图 3-50 所示。由整体框图进而设计出电路原理图,如图3-51所示。

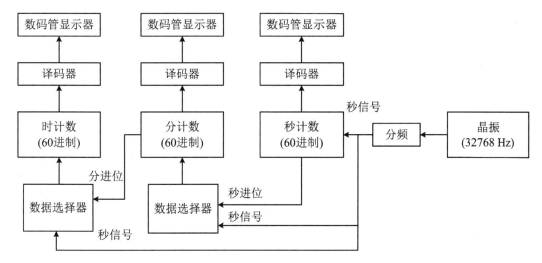

图 3-50　数字时钟电路原理框图

3．电路分析

数字时钟的电路按功能可分成 5 个单元。

（1）信号产生电路。

图 3-51 中信号产生电路实际上是用 CMOS 门电路与石英晶体振荡器组成的多谐振荡电路,工作频率稳定性、精度都很高,其中晶振频率为 32768 Hz,使得电路产生频率为 32768 Hz 的脉冲。

（2）分频电路。

图 3-51 中分频电路由两块 12 位同步二进制计数器 CD4040 构成。CD4040(11)脚为清零端,高电平复位,(10)脚为脉冲端,上升沿有效。Q_n 端输出脉冲频率为输入脉冲频率的 $1/Q^n$。利用分频电路可得到频率为 1 Hz 的秒信号。

（3）计数电路。

图 3-51 中计数电路由 6 片 74LS90 构成。其中 U_6、U_7 构成秒计数电路,U_8、U_9 构成分计数电路,U_{10}、U_{11}构成时计数电路。通过此电路的安装调试,同学们应该掌握任意进制计数器的设计方法。

（4）译码显示电路。

图 3-51 中译码显示电路采用输出低电平有效的显示译码器 74LS247 接共阳数码管来完成。通过本电路的安装调试,同学们应该掌握数码管的好坏测试,引脚判断方法和译码器的使用方法。

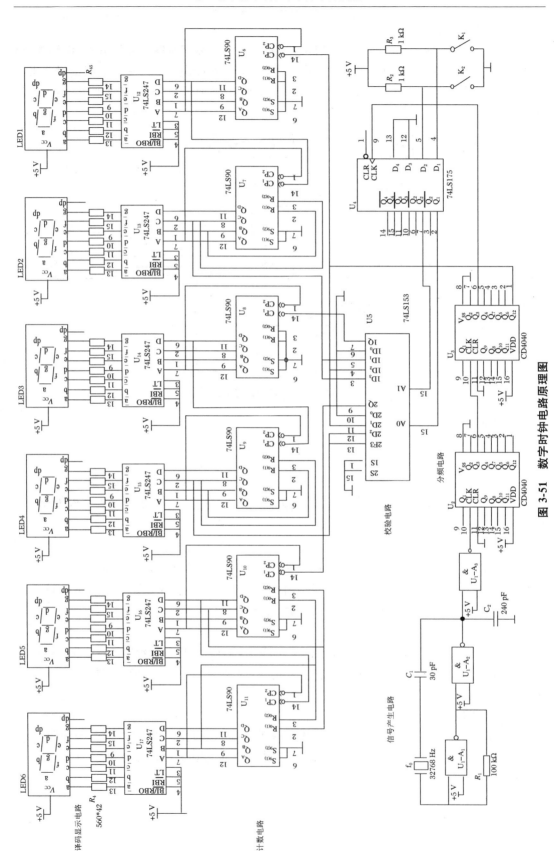

图 3-51 数字时钟电路原理图

（5）校验电路。

图 3-52 中校验电路由一片双四选一数据选择器 74LS153 来完成。74LS153 的管脚图见附录。$1\bar{S}$、$2\bar{S}$ 为两个独立的使能端；A_1、A_0 为公用的地址输入端；$1D_0 \sim 1D_3$ 和 $2D_0 \sim 2D_3$ 分别为两个 4 选 1 数据选择器的数据输入端；Q_1、Q_2 为两个输出端。

① 当使能端 $1\bar{S}(2\bar{S})=1$ 时，多路开关被禁止，无输出，$Q=0$。

② 当使能端 $1\bar{S}(2\bar{S})=0$ 时，多路开关正常工作，根据地址码 A_1、A_0 的状态，将相应的数据 $D_0 \sim D_3$ 送到输出端 Q。如：$A_1 A_0 = 00$，则选择 D_0 数据送到输出端，即 $Q=D_0$；$A_1 A_0 = 01$，则选择 D_1 数据送到输出端，即 $Q=D_1$，其余类推。

根据 74LS153 的上述功能，本实训用它来完成校验功能。具体设计见表 3-35。按照表中描述接线，即可实现校验功能。当连接触发器的两个开关都打开时，正常计时；当其中一个开关打开，一个闭合时，校验小时或者分钟。

表 3-35　校验功能设计表

地址输入端		选择器接法		实现功能
A_1	A_0	选择器 1	选择器 2	
1	1	$1D_3$ 接秒向分进位信号 1Q 接分脉冲端	$2D_3$ 接分向时进位信号 2Q 接时脉冲端	正常计时
1	0	$1D_2$ 接秒信号 1Q 接分脉冲端	$2D_2$ 接分向时进位信号 2Q 接时脉冲端	校验分
0	1	$1D_1$ 接秒向分进位信号 1Q 接分脉冲端	$2D_1$ 接秒信号 2Q 接时脉冲端	校验时

五、实训内容

1．通读数字时钟原理图

如图 3-51 所示。

2．元器件的检查

（1）检测各集成电路的好坏。

将被测集成电路缺口朝上放在集成电路测试仪上卡紧，然后输入被测集成电路型号，按执行，显示器上即可显示测试结果，如果显示 GOOD IC，则说明集成电路是好的；如果显示 BAD IC，则说明集成电路已被损坏。

（2）其他电子元件的检查。

主要是电阻、电容的检查，可使用万用表进行阻容值及其好坏的判断。

（3）数字时钟的装配与调试。

由于实训电路中使用器件较多，实训前必须合理安排各器件在面板上的位置，使电路逻辑清晰，接线较短、整齐、美观。

实训时，应按照实训任务的次序，将各单元电路依次进行接线和调试，即分别连接测试译码显示电路、计数电路、信号产生电路、分频电路及校验电路的逻辑功能，待前一个单元电路工作正常后，再将后面的电路逐级连接起来进行测试，直到完成整个数字时钟的装配与调试。这样的模块化测试方法有利于检查和排除故障,是调试电路的常用方法。

(4) 译码显示电路的测试。

① 用 74LS247 的(3)脚试灯端测试数码管的好坏。

② 将 74LS247 的 DCBA 四位代码端分别接 0000～1001 十个代码,看显示器能否显示 0～9 十个数字,测试译码器及接线的好坏。

③ 用万用表或实验台上数字电压表或实验台上逻辑笔测试 74LS247 输出端的高低电平情况,并测量输出为高电平和低电平时所对应的电压值。

④ 用万用表或实验台上数字电流表测量数码管点亮时所流过的电流大小。

(5) 计数电路的测试。

① 输入端接 1 Hz 或更快的连续脉冲源,检查秒、分钟、小时能不能分别实现六十进制、六十进制、二十四进制计数。

② 检查秒是否能够自动向分进位,分是否能够自动向小时进位。

(6) 信号产生电路的测试。

用示波器观察与非门 A_3 输出端,看能否产生 32768 Hz 的脉冲,并用频率计或示波器准确测试其频率。

(7) 分频电路的测试。

① 用频率计测试左侧 CD4040 输出端 Q_{12},看输出脉冲频率是否为 8 Hz。

② 用频率计测试右侧 CD4040 输出端 Q_3,看输出脉冲频率是否为 1 Hz。

(8) 校验电路的测试。

调校验开关使 74LS175 的(4)脚和(5)脚分别为 11、10、01,看能否分别实现正常计时、校验时、校验分的功能。

(9) 电子钟的整体测试。

接通实验台上 +5 V 电源,看整个电路能否实现正常计时和校验功能。

(10) 电子钟准确度的测试。

利用秒表或手表的秒计时对数字时钟进行校准,或用频率计测试秒信号的精度。

(11) 数字时钟常见故障检查。

① 通电后所有显示器均不亮。检查电源是否正常,主要是数码管共阳端电源,每片集成电路电源。

② 译码显示部分不能正常工作。检查数码管好坏、译码器好坏、导线是否真正连通、译码器各输出与数码管各输入有没有对应错乱等。

③ 计数器不能正常工作。检查计数器电源及接地,尤其是(10)脚接地端,清零端与置 9 端是否正确连接,测试用脉冲源能否正常输出脉冲,进位端是否正确连接等。

④ 信号产生及分频电路不能正常工作。首先用频率计测试与非门 A_3 是否有频率为 32768 Hz 的脉冲信号输出,如果没有则检查信号产生电路,如果有则检查分频电路,重点看分频电路的清零端是否处于有效状态。

⑤ 校验电路不能正常工作。74LS175 的清零端是否处于清零状态,它是否有所需要的快脉冲信号,输入 D 与输出 Q 是否对应;74LS153 的使能端是否处于有效状态,它的各输入输出是否连接正确等。

⑥ 如果整个电路都连接完毕后发现电路不能正常工作,则按信号的顺序逐步检查各级,确定错误到底处于哪一级,然后再按上面方法排除。

⑦ 如果时钟太快,检查电容是否接错,各与非门的"悬空端"是否接固定高电平,是否有导线裸露在外面太长带来干扰等。

六、实训总结

(1) 总结数字时钟的整个调试过程。

(2) 分析调试中发现的问题及故障排除方法。

(3) 除了本实训中所采用的时钟源外,请另选一种时钟源,供本实训用,画出电路图,选取元器件。

(4) 除了本实训中所采用的集成计数器,请另选一种集成计数器,设计六十进制计数器和二十四进制计数器,画出电路图。

(5) 书写实训报告。

附录　常用数字集成电路汇编

一、74LS 系列 TTL 电路外引线排列(顶视)

1. 74LS00

四 2 输入正与非门

$Y = \overline{AB}$

2. 74LS04

六反相器

$Y = \overline{A}$

3. 74LS08

四 2 输入与门

$Y = AB$

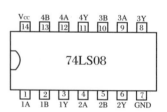

4. 74LS10

三 3 输入正与非门

$Y = \overline{ABC}$

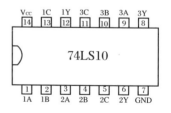

5．74LS20

双 4 输入正与非门

$Y = \overline{ABCD}$

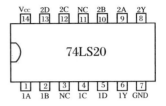

6．74LS27

三 3 输入正或非门

$Y = \overline{A + B + C}$

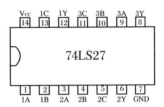

7．74LS54

四路(2-3-3-2)输入与或非门

$Y = \overline{AB + CDE + FGH + IJ}$

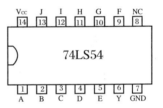

8．74LS86

四 2 输入异或门

$Y = A \oplus B$

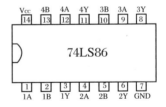

9．74LS74

双正沿触发 D 触发器

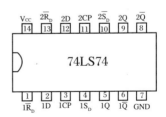

10．74LS175

四正沿触发 D 触发器

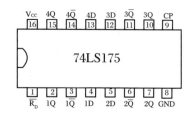

11．74LS90

二－五－十进制异步加计数器

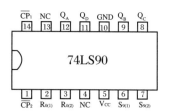

12．74LS112

双负沿触发 JK 触发器

13．74LS138

3 线-8 线译码器

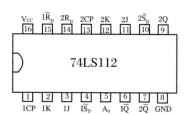

14．74LS139

双 2 线-8 线译码器

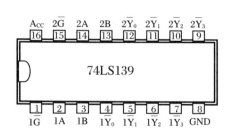

15. 74LS147

10 线-4 线优先编码器

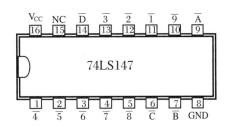

16. 74LS148

8 线-3 线优先编码器

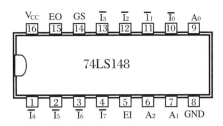

17. 74LS154

4 线-16 线译码器

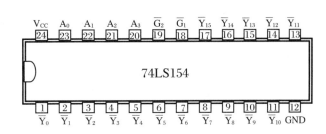

18. 74LS151

8 选 1 数据选择器

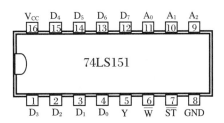

19. 74LS153

双 4 选 1 数据选择器

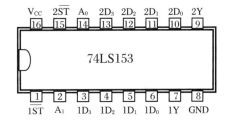

20.74LS160

同步十进制计数器

74LS161/ 74LS163

同步 4 位二进制计数器

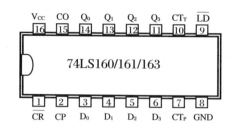

21.74LS192

同步可逆双时钟 BCD 计数器

74LS193

4 位二进制同步可逆计数器

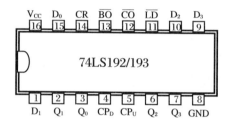

22.74LS194

4 位双向通用移位寄存器

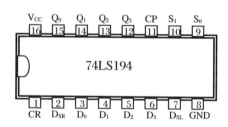

23.74LS248

BCD 七段显示译码器

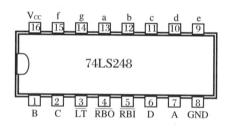

二、CMOS 及其他集成电路外引线排列(顶视)

1.CD4511

BCD 七段显示译码器

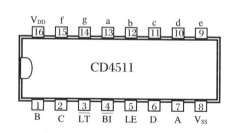

2. CC4514

4线-16线译码器

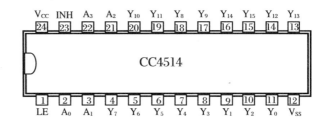

3. CD4011

四2输入与非门

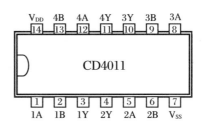

4. CD4040

12位二进制串行计数器

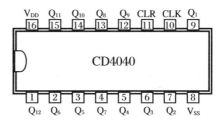

5. CC14433

$3\frac{1}{2}$ 位双积分 A/D 转换器

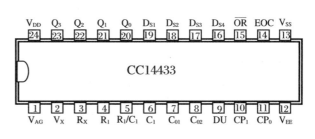

6. NE555 定时器

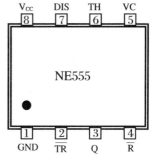

7. DAC0808
D/A 转换器

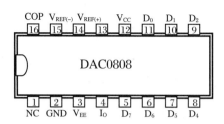

8. ADC0809
A/D 转换器

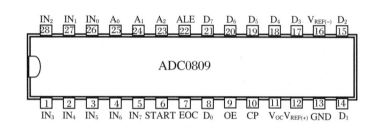

9. MC1403
精密稳压电源

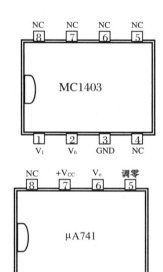

10. μA741
运算放大器

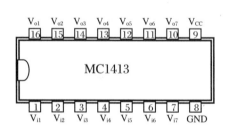

11. MC1413
七路达林顿晶体管列阵

参 考 文 献

[1]　储克森.电工基础[M].2 版.北京:机械工业出版社,2007.

[2]　康华光.电子技术基础数字部分[M].4 版.北京:高等教育出版社,2000.

[3]　孙建三.数字电子技术[M].北京:机械工业出版社,2000.

[4]　周士成,林春方,等.电路技术基础下篇:数字电子技术[M].合肥:安徽大学出版社,2003.

[5]　刘苏英.数字电子技术[M].北京:机械工业出版社,2013.

[6]　王成安.电子产品生产工艺与生产管理[M].北京:人民邮电出版社,2012.